JIAKONG SHUDIAN XIANLU
SHENIAO GUZHANG FANGKONG SHOUCE

# 架空输电线路
# 涉鸟故障防控手册

国网重庆市电力公司设备管理部　编

中国电力出版社
CHINA ELECTRIC POWER PRESS

**图书在版编目（CIP）数据**

架空输电线路涉鸟故障防控手册 / 国网重庆市电力公司设备管理部编 . —北京：中国电力出版社，2024.1
ISBN 978-7-5198-8301-0

Ⅰ.①架… Ⅱ.①国… Ⅲ.①架空线路－输电线路－鸟害－故障检测－手册 Ⅳ.① TM726.3-62

中国版本图书馆 CIP 数据核字（2023）第 216732 号

出版发行：中国电力出版社
地　　址：北京市东城区北京站西街 19 号（邮政编码 100005）
网　　址：http://www.cepp.sgcc.com.cn
责任编辑：安小丹（010-63412367）
责任校对：黄　蓓　郝军燕
装帧设计：赵姗姗
责任印制：吴　迪

印　　刷：北京九天鸿程印刷有限责任公司
版　　次：2024 年 1 月第一版
印　　次：2024 年 1 月北京第一次印刷
开　　本：710 毫米 ×1000 毫米　16 开本
印　　张：6.25
字　　数：84 千字
册　　数：0001—2500 册
定　　价：70.00 元

# 编委会

# 前言

　　近年来，人类对自然生态环境的保护力度逐渐加大，鸟类数量急剧增加、活动范围日趋扩大，同时随着国民经济的高速发展，高压架空输电线路（以下简称"输电线路"）日益增多，遍布于城乡各地，由于输电杆塔高大、稳固、宽阔、光照充足，鸟类喜欢在输电杆塔上栖息、筑巢活动，鸟类活动期间容易造成输电线路故障。据国内外研究统计表明，鸟类活动已成为继雷击和外破之后输电线路的第三大跳闸原因，涉鸟故障防治已成为保障输电线路安全运行的一项重要工作。

　　为加强输电专业运维人员对输电线路涉鸟故障知识的认知能力，及时、准确发现、判定涉鸟缺陷及隐患，明确输电线路涉鸟故障防控工作流程，结合多年来线路运行维护经验，编写了《架空输电线路涉鸟故障防控手册》。本手册力求文字通俗易懂，并辅以翔实的图片资料，使输电专业运维人员高效掌握防控涉鸟故障工作的要点及要求。

# 目录

# 第一章

# 涉鸟故障概述

# 一、涉鸟故障定义

输电线路的涉鸟故障主要指，因鸟类筑巢、排泄、飞行、鸟啄等活动对输电线路造成损坏或造成输电线路绝缘子等其他设备障碍，导致输电线路故障跳闸，影响输电线路正常运行的情况。

# 二、涉鸟故障类型

输电线路涉鸟故障可分为鸟粪类故障、鸟体短接类故障、鸟巢类故障和鸟啄类故障。

## （一）鸟粪类故障

鸟粪类故障是指鸟类在杆塔附近活动泄粪时，鸟粪下降过程中形成导电通道，引起杆塔空气间隙击穿，导致输电线路故障跳闸；也或鸟粪附着于绝缘子上降低绝缘水平引发沿面闪烁，导致输电线路故障跳闸。

## （二）鸟体短接类故障

鸟体短接类故障是指鸟类活动时，身体或展翅使输电线路相（极）间或相（极）对地间的空气间隙距离减小或短接引起的输电线路故障跳闸。

## （三）鸟巢类故障

鸟巢类故障是指鸟类在杆塔上筑巢时，较长的鸟巢材料使输电线路相（极）间或相（极）对地间的有效绝缘距离减少或短接引起的输电线路跳闸。

## （四）鸟啄类故障

鸟啄类故障是指鸟类啄损复合绝缘子伞裙或护套，造成复合绝缘子的损坏，绝缘水平降低，导致输电线路故障跳闸。

# 三、涉鸟故障机理

## （一）鸟粪类故障机理

鸟粪故障的主要原因可表述如下：

（1）鸟粪是一种导电混合流体，含水量和电解质较高，容易在带电导体之间造成闪络。

（2）鸟粪污染了直线悬垂绝缘子串，积粪至一定程度后，使绝缘子串发生闪络。

（3）鸟类站立在杆塔上或飞行过程中排便，鸟粪的下落时在绝缘子串附近直接短接部分或全部绝缘子，引起绝缘子发生闪络。

鸟粪类故障又可细分为鸟粪污染类和泄粪类故障。

### 1. 鸟粪污染类故障

杆塔上栖息的大型鸟类或聚集成群的小型鸟类在排泄时，鸟粪会附着在绝缘子表面上，随着鸟类频繁活动，绝缘子串上的鸟粪日积月累会逐步覆盖绝缘子。鸟粪具有一定的导电性能，大量覆盖会降低绝缘子的绝缘水平，当鸟粪达到一定数量时，在潮湿环境下，工频电压会沿着绝缘子表面建立局部电弧，最终发生闪络跳闸。鸟粪污染引起的绝缘子串闪络与大气污染在绝缘子串表面积污引起的污秽闪络原理类似。图1-1所示为鸟粪污染绝缘子图。

### 2. 泄粪类故障

大型鸟类泄粪时，其粪便长度可高达几米，高导电率的长串鸟粪在沿绝缘子向下流淌或自由下落的过程中，会造成与绝缘子平行的空气间隙短接，导致周边电场发生畸变，最终发生闪络跳闸。泄粪类故障闪络发展过程可分为三个阶段。

第一阶段：放电通道的形成。鸟类排泄时，鸟粪以自由落体的方式下落，形成一个细长、具备高导电率且连续的流体，其长度会超过绝缘子塔上挂点或附近塔材与导线挂点间的长度，形成贯通式悬浮通道。

图 1-1　鸟粪污染绝缘子图

第二阶段：导线端绝缘子周围电场发生严重畸变。放电通道的前端鸟粪与导线或与导线端绝缘子靠近时，导致高压端电场强度增加，电场发生畸变，绝缘子原承受的部分电压会转移至这一段空气间隙上。

第三阶段：击穿闪络。当下落鸟粪前端与导线或导线端绝缘子靠近后，电场发生严重畸变，高强度电场集中在鸟粪前端的间隙内形成局部电弧，电弧沿鸟粪通道与杆塔本体短接，发生闪络跳闸。

闪络期间会有强电流流过鸟粪通道，鸟粪受到强电流影响会瞬时挥发或落至地面，而排泄的鸟类受到放电时强烈的声电惊吓产生应激反应飞走，闪络后，鸟粪导电通道消失，绝缘子串周围电场分布恢复正常，重合闸动作成功。图 1-2 所示为鸟类泄粪类故障示意图。

## （二）鸟体短接类故障机理

体型较大的鸟类如鹭类、鹤类翼展较大，其在输电杆塔横担附近起飞、降落、飞行时，其展开的翅膀使输电线路相（极）间或相（极）对地间的空气间隙减少（有时甚至直接短接），导致有效绝缘距离降低，引发电场畸变击穿空气造成输电线路故障跳闸。

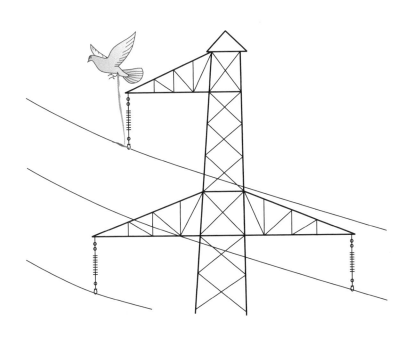

图 1-2　鸟类泄粪类故障示意图

鸟体短接类故障受鸟类展翅长度，鸟类活动的方向、角度及导线排布形式等要素影响，一般鸟体短接引起的输电线路跳闸在 500kV 及以上电压等级输电线路上较为少见，主要发生在 220kV 及以下电压等级的输电线路上。

在遭受鸟体短接类故障后，鸟类一般会被击伤或击毙，部分被击伤的鸟类仍有一定的飞行 / 滑行能力，有时不能在故障杆塔周围搜寻到鸟类。图 1-3 所示为鸟体短接类故障鸟类展翅图。

### （三）鸟巢类故障机理

鸟巢类故障主要与树栖鸟类繁育期在输电线路上筑巢有关。在筑巢期间，鸟类经常叼衔树枝、柴草、金属丝等物，不停地在输电线路上空或导线之间穿行，在吊拾过程中会造成异物下落，或当遇到大风、阴雨等天气时，鸟巢材料掉落停留在杆塔横担、悬垂绝缘子均压环上或靠近杆塔构件与导线绝缘间隙时，导线通过异物对杆塔放电，造成接地短路跳闸故障。

图 1-3　鸟类展翅图

不同鸟类所筑鸟巢的形态、材料及对输电线路的危害程度各不相同，鸟巢材料主要包括稻草、藤、狗尾草、塑料薄膜、树枝、铁丝和生活垃圾等，其中稻草、藤以及长树枝等筑巢材料均对输电线路安全运行产生一定威胁。图 1-4 所示为杆塔鸟巢示意图。

图 1-4　杆塔鸟巢示意图

## （四）鸟啄类故障机理

鸟啄造成复合绝缘子伞裙护套破损，使复合绝缘子耐老化性能较弱的芯棒直接暴露在大气环境中，芯棒大面积暴露会导致端部密封破坏，以致潮气进入护套和芯棒界面，继而会在芯棒暴露处和潮气已进入护套和芯棒界面处产生局部放电或电弧放电。芯棒受损后会产生电化学反应，若不及时处理将会导致复合绝缘子芯棒断裂发生掉串的恶性事故。

鸟啄损坏的绝缘子大多在"V"形串，这是因为"V"形串两复合绝缘子夹角较大，便于鸟类站立。绝缘子外形也是影响鸟类叼啄行为的重要因素，例如伞裙密集的复合绝缘子中间部位相对不易遭受鸟啄，使用实心均压环的复合绝缘子的端部不易遭受鸟啄，因为鸟类在此类绝缘子上不易站立。同时，绝缘子的颜色、气味或配方对鸟啄行为也可能有一定的影响。如图 1-5 所示为鸟啄复合绝缘子示意图。

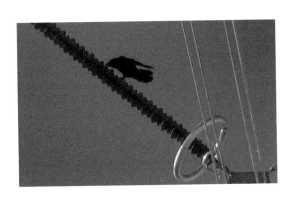

图 1-5　鸟啄复合绝缘子示意图

# 第二章

# 涉鸟故障规律特性

# 一、涉鸟故障规律

输电线路涉鸟故障与鸟类活动、气象条件、所处环境等因素存在紧密联系，具有季节性、时间性、地域性等特点。

## （一）季节规律

涉鸟故障是季节性输电线路故障，由于地域、气候不同，鸟类在条件不适合时会群体迁徙，中途会停靠在输电线路杆塔上休息，给杆塔造成安全隐患，在全年中各月均有发生，鸟类筑巢繁殖季节、候鸟迁徙季节以及农作物收获季节是涉鸟故障发生最为严重的时段。每年的 4 月和 5 月是鸟类筑巢繁殖的季节，鸟在鸟巢附近活动频繁，增加了涉鸟故障事故的发生概率。3～6 月和 9～11 月是候鸟迁徙的季节，在迁徙过程中，候鸟易栖息在附近有水、森林的输电线路杆塔上，其起降、排便行为都增加了涉鸟故障的发生概率。8～10 月是农作物成熟及收割期，鸟类吃食较多，排泄量随之增加，且排泄周期缩短，涉鸟故障相应增多。

## （二）时间规律

涉鸟故障多发生在夜间，当日 18 时至次日 8 时，尤其是凌晨时分，是涉鸟故障的高发期。白天，鸟类一般会离开巢穴去活动以及觅食；晚间，鸟类返回集中栖息于输电线路上的鸟巢，调整休息，消化食物，排泄粪便；晨间，鸟类苏醒，清空肠道，以减轻体重，为起飞觅食做好准备，鸟类此时相互联络、飞行及排泄等活动加剧，造成输电线路跳闸概率剧增，尤其是凌晨 3 时至 7 时这一时段，室外温度最低，湿度最大，风速最小，绝缘子表面凝露，污层湿润，输电线路的绝缘水平较低，产生有害因素叠加效应，易导致涉鸟故障的发生。

## （三）地域规律

鸟类的活动范围和周边的环境有着很大关系，引起涉鸟故障的地形地貌,多在靠近河流、水库、低洼潮湿地带,以及有较大树木和一些村庄少、僻静开阔的庄稼地带。大部分涉鸟故障发生多在河流、湖泊、水渠、稻田、鱼塘、低洼潮湿、河洲等有水源的地点附近。形成此分布格局的原因是鱼塘、水库、河洲、稻田、树林等地为鸟类提供了食物、水源和筑巢场所,导致此类地区鸟类活动频繁,输电线路涉鸟故障率较高。

### (四)适应规律

鸟类具有极强的适应能力,在涉鸟故障经常发生的输电线路采取一些对鸟惊吓的措施,虽然在刚刚安装时其产生的声、光会对鸟类活动有一定的干扰,但经过一段时间后,这些措施会被鸟类适应并逐渐失效,而又会发生涉鸟故障事件。

## 二、涉鸟故障特性

### (一)电压等级特征

运行经验表明,涉鸟故障所占比例与电压等级存在明显的相关性。不同电压等级输电线路的绝缘配置不同,电压等级越低,绝缘子串长越短,杆塔横担与导线的空气间隙越小,在相同的环境条件作用下,越容易引发输电线路涉鸟故障。一般情况下,涉鸟故障主要发生在 110kV 及 220kV 输电线路上,500kV 及以上输电线路发生鸟害的概率较小,主要是因为 500kV 横担与导线间的空气间隙在 3.5m 以上,很难因鸟类活动造成空气间隙击穿。

涉鸟故障中鸟巢类故障发生的概率随电压等级的升高而降低,主要是因为当电压等级升高时,绝缘子串的长度随之增加,杆塔横担与带电部位的空气间隙增大,鸟类筑巢所用的材料难以桥接引发故障。鸟粪类和鸟体短接类故障发生的概率随电压等级的升高而升高,主要是因为这两类涉鸟故障一般均由大型鸟类造成,并且大型鸟类一般更倾向于在高电压等级杆塔上栖息活动。

## （二）重合闸特征

相比于输电线路外力破坏、雷击等类型的故障，输电线路涉鸟故障多属于单相接地瞬时性故障，不会造成永久性接地故障，输电线路重合闸的动作率较高，这是由于短路电弧可将过长的鸟巢材料瞬时烧掉，而长串鸟粪仅在下落期间对线路外绝缘造成影响，鸟粪经过高压电弧作用直接挥发，导电通道随之消失。针对重合闸未投的线路，涉鸟故障试送或强送成功率也同样较高。

不论是鸟巢类故障还是鸟粪类故障，重合闸成功率都随着电压等级的升高而升高。在同一个电压等级下，鸟粪类故障重合闸成功率都比鸟巢类故障重合闸成功率要高，而鸟体短接类故障重合闸成功率相对较低。

## （三）杆塔特征

输电杆塔较高且稳定，鸟类视野开阔，适宜鸟类停留、筑巢。直线塔涉鸟故障多为悬垂绝缘子被短接，而耐张塔涉鸟故障多发生在横担与引流线间空气间隙处，直线杆塔发生涉鸟故障的概率大约为耐张杆塔发生涉鸟故障概率的2倍。在同电压等级下，同塔双回路涉鸟故障的概率均明显小于单回路杆塔，而同塔双回路杆塔中相发生故障的概率最大，分析原因为同塔双回路大部分为鼓形塔，中相横担向外伸出更多，便于鸟类下降和起飞。此外，鸟粪闪络多发生在悬垂串（如"Ⅰ"或"Ⅱ"形串）上，较少发生在"V"形串和耐张串上。鸟啄类故障多发生在"V"形串和"L"形串的水平串上。

# 第三章

# 常见防鸟装置及应用

目前防鸟装置可分为挡鸟类、驱鸟类和引鸟类三种类型。挡鸟类防鸟装置主要为防鸟盒、防鸟挡板、防鸟刺、防鸟针板、防鸟罩、防鸟护套和防鸟拉线等；驱鸟类防鸟装置主要为旋转式风车、仿生等惊鸟装置和声、光、电等电子式驱鸟装置等；引鸟类防鸟装置主要为人工鸟巢和人工栖鸟架。

# 一、挡鸟类装置

## （一）防鸟刺

防鸟刺（见图 3-1）安装在杆塔横担悬垂绝缘子串挂环位置的上部，其基本原理都是在一个球冠形底座上安装若干个针体，针体呈放射状分布，使鸟不能落在防鸟刺安装处，从而有效防止涉鸟故障的发生。该装置的特点是安装后能有效地防止体形较大的鸟类在悬垂串横担位置停留歇息，且能长期耐受野外雨、雪、霜、尘的侵蚀，是当前主要的防鸟措施。缺点是长时间运行后，防鸟刺会锈蚀和老化，可能降低驱鸟效果，同时安装防鸟刺后会给检修人员上、下杆塔及相关检修工作带来不便。

图 3-1　防鸟刺

防鸟刺分为防鸟直刺、防鸟弹簧刺和防鸟异型刺三类，防鸟刺安装应采用专用夹具，专用夹具使用型号尺寸适配的热镀锌螺栓连接紧固，紧固螺栓应采取可靠的防松措施，并可顺利拆除。

防鸟刺是涉鸟故障防控中最为常用且效果较好的一种防鸟措施，为更好地落实涉鸟故障防控工作，对防鸟刺要点进行详细说明。

## 1.　防鸟刺技术参数和性能要求

防鸟刺安装在直线悬垂串绝缘子和耐张跳线串绝缘子横担挂点正上方，每种安装形式的防鸟刺的长度均应为推荐长度，具体长度视安全距离而定。分布安装在绝缘子挂点周围时，根据防鸟刺的长度和安装位置的限制合理调整间距。结合输电线路实际，可参照以下具体技术标准：

（1）防鸟刺全部部件在安装后 5 年内不得锈蚀，若出现锈蚀等质量问题，由物资供应单位负责并实施重新更换，全部费用由物资供应单位承担。

（2）防鸟刺应为不锈钢或铝合金材料制成，不得采用铁丝材质。刺针为直刺，刺针端部不带尖。所用不锈钢丝或铝合金丝直径不应小于 2mm，每个防鸟刺刺针数量不少于 45 根，能均匀展开。

（3）防鸟刺刺针长度（外露部分）不小于 450mm，展开后，整个防鸟刺最外层展开直径不应小于 900mm。

（4）防鸟刺底座采用"U"形热镀锌，性能参数不低于 Q235 钢材性能参数要求，横向开口。其厚度不小于 10mm，宽度不小于 60mm。横向开口"U"形底座开口深度不小于 65mm。表面应光滑不得有锌渣、起皮、漏镀及锈蚀等现象。

（5）防鸟刺横向开口"U"形底座底部由 2 颗 $\phi$12 标准螺栓固定在挂线点角钢附近，固定方式为螺栓挤压角钢，螺栓穿向由上向下穿，即在"U"形底座上层板面打孔，每个螺栓配备双帽并带有弹簧垫圈及平垫各1 个，螺栓长度约为 45mm。为避免运行后螺栓、螺母、弹簧垫片、平垫腐蚀,上述材料均应采用不锈钢材质。

(6)防鸟刺刺针与底座应采用压接联结,压接长度范围为30～50mm,压接后刺针与底座联结部位应采取密封与防腐措施。

(7)防鸟刺应做工精细、螺钉顺滑、使用方便及可靠。

2. 防鸟刺安装技术要求

防鸟刺应安装在悬垂绝缘子正上方横担,同时根据横担情况合理布置鸟刺安装位置,并满足以下要求:

(1)在安装防鸟刺时,两防鸟刺底座中心线的距离应不大于1000mm。

(2)防鸟刺底座螺栓应紧固到位,弹簧垫片应达到平垫状态。

(3)防鸟刺安装打开后,最内层5～8根刺针开角度不大于15°;最外层约10根刺针打开后形成角度185°～190°,并使最外层防鸟刺刺针距离横担塔材高度小于50mm,防止鸟从防鸟刺下方进入防护范围。最内层与最外层之间的刺针应均匀分布,最终呈半球状。

(4)两支防鸟刺刺针之间距离不大于100mm,防止鸟类进入防护范围。相邻防鸟刺刺针不宜交叉重叠。

(5)防鸟刺安装应牢固可靠,不得松动,歪斜。

3. 防鸟刺安装数量要求

防鸟刺安装数量建议根据实际塔型动态调整,各塔形最少安装数量如下:

(1)直线塔:边相绝缘子横担挂点处安装2～4支防鸟刺。中相绝缘子("V"形串除外)横担挂点处安装3～4支防鸟刺;单回路直线塔中相绝缘子横担上层角钢处安装4支防鸟刺。

(2)耐张塔:每支跳线串绝缘子横担挂点处安装2～4支防鸟刺。

(3)对于横担两侧施工孔用于挂线时,应在绝缘子上方横担挂点处安装 4 支防鸟刺，并在两挂线点之间加装 2 支防鸟刺。

（4）对于特殊杆塔及绝缘子"V"形串情况，按照现场实际情况安装。

## （二）防鸟挡板

防鸟挡板（见图 3-2）是固定在输电线路绝缘子串上方的水平或小角度倾斜的板材，以防止鸟粪在挡板范围内下落或防止鸟类利用杆塔构架筑巢。

图 3-2　防鸟挡板

防鸟挡板由板材、金属框架组成。防鸟挡板安装在绝缘子串上方的横担处，板材应使用金属框架固定，金属框架一般由顺横担方向的扁铁和垂直横担方向的角钢构成，金属框架与杆塔之间宜使用"L"形连接金具固定连接。

防鸟挡板与杆塔连接点应不少于 4 处，当防鸟挡板顺横担方向大于 1.6m 时，每块挡板应至少增加连接点 2 处。防鸟挡板固定或连接方式应综合考虑防风、防冰和防积水等要求。防鸟挡板靠近导线的一侧应略高，与水平面成 10°～15° 倾斜角，防止积水。防鸟挡板的尺寸应满足相应电压等级要求的保护范围。

### （三）防鸟罩

防鸟罩（见图3-3）是指安装在输电线路悬垂绝缘子串上方，阻挡鸟粪或鸟巢材料在其遮蔽范围内下落的圆盘形制品。防鸟罩按绝缘材质不同可分为硅橡胶防鸟罩和玻璃钢防鸟罩，按应用绝缘子不同又可以分为单串绝缘子串防鸟罩和双串绝缘子串防鸟罩。

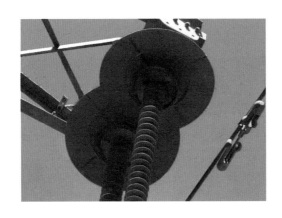

图3-3 防鸟罩

防鸟罩宜采用两部分对接式安装在悬垂绝缘子串上方。防鸟罩应安装牢固，防鸟罩与球头连接部位应有防水措施。防鸟罩面应采用斜面，斜面中间高外侧低，与水平面的角度控制在 10°～30°。防鸟罩面分离对接处应保证贴合紧密，对接后缝隙不大于 0.5mm。防鸟罩面中心开孔处尺寸应保证与球头挂环契合，安装后缝隙不大于 0.5mm，并加设硅橡胶密封垫。

### （四）防鸟针板

防鸟针板（见图3-4）由底板和多根金属针组成，金属针垂直分布于底板，底板固定于杆塔上，防止鸟类停留或筑巢。防鸟针板按钢针的排列方式不同可分为单排刺、双排刺、三排刺和多排刺防鸟针板。

防鸟针板与杆塔间的固定可采用"L"形连接金具（在角钢上固定防

鸟针板）、平底"U"形连接金具（固定单排刺、双排刺、三排刺防鸟针板）、"U"形连接金具（固定多排刺防鸟针板）、"C"形连接金具（固定夹具无法固定的防鸟针板）。

图 3-4　防鸟针板

　　防鸟针板宽度根据需安装针板位置塔材的宽度来确定。一般情况下，塔材宽度在 70mm 及以下时，使用单排刺防鸟针板；塔材宽度在 70 ～ 110mm 时，使用双排刺防鸟针板；塔材宽度在 120 ～ 200mm 时，使用三排刺防鸟针板；防鸟针板安装处需覆盖的宽度大于 200mm 时，使用多排刺防鸟针板。防鸟针板安装范围应满足不同海拔、不同电压等级防鸟半径的要求，在安装范围内不应出现死角、漏装。

　　防鸟针板安装时，不应在杆塔横担上重新打孔，应采用专用连接金具。固定件应紧固牢靠，拆装方便，每块针板上连接金具不少于 2 套。防鸟针板安装要牢固、可靠，不应发生倾斜和松动。

　　**（五）防鸟盒**

　　防鸟盒（见图 3-5）为填充输电线路绝缘子串上方杆塔构架的盒状制品，是各面密封严实的中空箱体，以防止鸟类在绝缘子串上方筑巢，一般由玻璃钢、铝塑板或其他金属材料制成。防鸟盒最下面箱体上设置排水孔，防止积水。防鸟盒与横担面不接触的一面，宜采用斜面，斜面与水平面的角度一般控制在 30° ~ 60°。

图 3-5　防鸟盒

防鸟盒安装在绝缘子串上方的横担处，宜通过防鸟盒内预埋设固定螺栓与杆塔之间使用"L"形连接金具固定。防鸟盒的安装应紧靠导线挂点，安装后应能有效封堵绝缘子挂点周边横担内的空间，不应留有明显封堵空隙。防鸟盒与杆塔连接点应不少于 4 处，必要时应根据具体塔型在防鸟盒上开槽（孔），以保证封堵效果。防鸟盒的尺寸应满足相应电压等级要求的保护范围。对于导线水平排列的中相横担，在挂点正上方至少安装 2 个侧面紧贴的防鸟盒。杆塔横担顺线路宽度大于 1800mm 时，可采用 2 个防鸟盒顺线路方向并排封堵。

## （六）防鸟护套

防鸟护套（见图 3-6）是指包裹绝缘子串高压端金具及其附近导线，防止鸟粪或鸟巢材料短接间隙引起闪络的绝缘护套。

防鸟护套安装前，应确认被包覆的所有线夹、连接金具、导线等状态完好，若有异常，必须恢复正常后方可安装。防鸟护套应包覆导线端全部金具，耐张杆塔引流线也应全部包覆，同时绝缘包覆应密封良好，密封口方向朝下。

图 3-6　防鸟护套

## （七）防鸟拉线

防鸟拉线（见图 3-7）是利用铁丝或钢绞线在直线杆塔横担上，利用地线支架作为固定点，制成"V"形或"X"形拉线，阻止鸟类在横担中部停留，从而达到防鸟效果的一种防鸟装置。

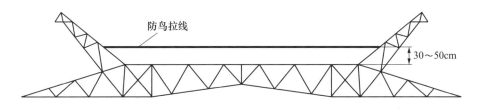

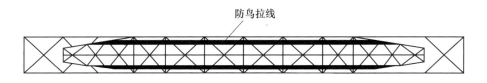

图 3-7　防鸟拉线示意图

防鸟拉线适合安装在杆塔中相横担上平面上方，每基杆塔安装2～3根。防鸟拉线宜按杆塔尺寸在工厂压接定制完成，两端通过专用夹具固定在地线支架的主材上，拉线距横担平面高度30～50cm，拉线张力适度，具体安装高度应根据当地主要鸟类的大小决定。专用夹具使热镀锌螺栓连接紧固，紧固螺栓应采取可靠的防松措施。

## 二、驱鸟类装置

### （一）旋转类防鸟装置

旋转类防鸟装置（见图3-8）是指固定在输电线路绝缘子串上方的利用旋转式风车、反光镜反射强光惊吓鸟类，使鸟类不敢靠近的防鸟装置。其以风力为动力源，采用独特的轴承，并在风轮上加装镜片，在风力的驱动下进行旋转，使风轮在做反复运动时利用光学反射原理在驱鸟器区域内形成一个散光区，使鸟类惧光不敢靠近筑巢、栖息。

图 3-8　旋转类防鸟风车、反光镜

旋转式风车、反光镜等惊鸟装置一般装设在边相横担或塔顶部塔材上，采用专用夹具进行固定，专用夹具使用热镀锌螺栓连接紧固，紧固螺栓应采取可靠的防松措施。

### （二）仿生类惊鸟装置

仿生类惊鸟装置（见图 3-9）是通过在输电线路上加装鸟类天敌的仿生装置来达到惊吓鸟类的目的，使其不敢在输电线路上筑巢、栖息的一种防鸟装置，如老鹰和蛇的仿生制品。

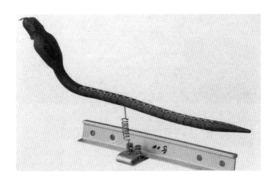

图 3-9　仿生类惊鸟装置

仿生类惊鸟装置一般装设在鸟类经常活动的塔材上，采用专用夹具进行固定，专用夹具使热镀锌螺栓连接紧固，紧固螺栓应采取可靠的防松措施。

### （三）电子类驱鸟装置

电子类驱鸟装置（见图 3-10）是指能够自动甄别鸟类靠近并发送声音、超声波、强光或者高压脉冲等电子信号实现驱鸟效果的驱鸟装置。该类装置一般利用太阳能电池板和蓄电池供电，通过雷达、拾音器主动探测鸟类靠近，利用超声波、语音仿真、强光频闪、高压电子脉冲等手段，惊吓、破坏鸟类神经、视觉系统，从而达到驱鸟的目的。

声光电驱鸟装置装设在塔头鸟类活动频繁的位置，可以发挥其最大功效，部分装置需要高功率，如高压电子脉冲电击驱鸟器和电容耦合式电击驱鸟器等，需要加装一套或多套太阳能电池板用以提供电能。该类装置装设均采用专用夹具，固定在塔材上，专用夹具使用热镀锌螺栓连接紧固，紧固螺栓应采取可靠的防松措施。

图 3-10　电子类驱鸟装置

## 三、引鸟类装置

### （一）人工鸟巢

人工鸟巢（见图 3-11）是指搭建在输电线路塔顶附近，远离带电部位，引导鸟类栖息的人工模拟鸟巢装置或鸟巢平台。

图 3-11　人工鸟巢

输电杆塔上的人工鸟巢应安装在塔身或导线横担防护范围之外的位置，一般设置在满足线路边相导线安全距离的外侧，便于鸟类停留栖息且不影响线路安全运行。人工鸟巢应采用专用夹具，安装牢固，紧固螺栓应采取可靠的防松措施。

### （二）人工栖鸟架

人工栖鸟架（见图 3-12）是指搭建在远离输电线路带电部位及绝缘子正上方，引导鸟类栖息或筑巢的支撑架。

图 3-12　人工栖鸟架

人工栖鸟架安装在横担上平面主材上，并避开导线正上方。人工栖鸟架宜安装在塔顶远离带电体位置，安装高度适宜，栖鸟平台应低于地线高度，宽度不低于 2m，各部位之间应连接可靠、牢固，不得歪斜、晃动。人工栖鸟架安装应采用专用夹具，专用夹具使用热镀锌螺栓连接，紧固螺栓应采取可靠的防松措施。

## 四、各类驱鸟装置的性能特点及使用注意事项

表 3-1 汇总了各类驱鸟装置的性能特点及使用注意事项，供参考。

表 3-1　各类驱鸟装置的

| 装置分类 | 装置名称 | 性能特点 |
|---|---|---|
| 挡鸟类 | 防鸟刺 | 制作简单，安装方便，综合防鸟效果较好 |
| | 防鸟挡板 | 适合宽横担大面积封堵 |
| | 防鸟盒 | 使鸟巢较难搭建于封堵处，且能阻挡鸟粪下泄 |
| | 防鸟针板 | 适用各种塔型，覆盖面积大 |
| | 防鸟罩 | 有一定的防鸟效果，还可以提高绝缘子串的防冰闪水平 |
| | 防鸟护套 | 增大绝缘强度，有一定的防鸟粪效果 |
| | 防鸟拉线 | 有效防止大鸟在杆塔上方栖息，保护范围大，节省材料、安装简单、造价低廉 |
| 引鸟类 | 人工栖鸟平台 | 环保性较好 |
| | 人工鸟巢 | 环保性较好 |
| 驱鸟类 | 旋转类防鸟装置 | 使用初期有一定的防鸟效果，环保性较好 |
| | 仿生类惊鸟装置 | 使用初期有一定的防鸟效果，环保性较好 |
| | 电子类驱鸟装置 | 驱鸟效果有针对性，装置的保护范围较大 |

**性能特点及使用注意事项**

| 选用注意事项 | 适用涉鸟故障类型 |
|---|---|
| 1. 不带收放功能的防鸟刺会影响常规检修工作。<br>2. 有些鸟类可能依托变形的防鸟刺筑巢 | 鸟粪类、鸟巢类 |
| 1. 造价较高。<br>2. 拆装不方便。<br>3. 可能积累鸟粪，雨季造成绝缘子污染。<br>4. 不适用于风速较高的地区 | 鸟粪类、鸟巢类 |
| 1. 制作尺寸不准确可能导致封堵空隙。<br>2. 拆装不方便。<br>3. 不适用 500（330）kV 及以上输电线路 | 鸟巢类、鸟粪类 |
| 1. 造价较高。<br>2. 拆装不便。<br>3. 容易造成异物搭粘 | 鸟粪类 |
| 1. 保护范围不足。<br>2. 不利于雨季绝缘子的自清洁 | 鸟粪类 |
| 1. 安装工艺复杂，一般需停电安装。<br>2. 造价高。<br>3. 被包裹的金具检查不方便 | 鸟巢类、鸟粪类、鸟体短接类 |
| 1. 只能防护单回路杆塔中横担上平面，防鸟效果有局限性。<br>2. 耐张塔跳线串位置无法实施 | 鸟粪类 |
| 1. 引鸟效果不稳定。<br>2. 部分产品防风能力差 | 鸟巢类、鸟粪类 |
| 引鸟效果不稳定，主要适用于地势开阔且周围少高点的输电杆塔 | 鸟巢类、鸟粪类 |
| 1. 易损坏。<br>2. 长时间使用，其驱鸟效果逐渐下降 | 鸟巢类、鸟粪类、鸟体短接类、鸟啄类 |
| 长时间使用，其驱鸟效果逐渐下降 | 鸟巢类、鸟粪类、鸟体短接类、鸟啄类 |
| 1. 在恶劣环境下长期运行后可靠性低。<br>2. 故障后维修难度大。<br>3. 长时间使用，驱鸟效果逐渐下降 | 鸟巢类、鸟粪类、鸟体短接类、鸟啄类 |

# 第四章

# 涉鸟故障防控

# 一、涉鸟故障风险分级

为满足取食、栖息、繁殖等行为的需要，鸟类对周边的生态环境有不同的要求，这使得鸟类分布呈现区域特征。对于电网运行维护来说，掌握与电网相关鸟类的活动区域特征，是涉鸟故障防治的基础工作，对于提高涉鸟故障防治的有效性具有重要作用。

大型鸟类易造成鸟体短接类和鸟粪类故障，小型鸟类易造成鸟啄类和鸟巢类故障，为了评判风险，将其进行合并。划分涉鸟故障风险等级时，食物、水源、隐蔽度、栖木等是决定鸟类分布的关键因素，同时还应综合考虑鸟类分布、人类干扰度、地理环境和运行经验等要素。涉鸟故障风险由低到高划分为Ⅰ（轻）、Ⅱ（中）、Ⅲ（重）共三个等级。

如表 4-1 所示为鸟巢类、鸟啄类故障风险等级划分原则。如表 4-2 所示为鸟粪类、鸟体短接类故障风险等级划分原则。

**表4-1　鸟巢类、鸟啄类故障风险等级划分原则**

| 风险等级 | 划分原则 |
|---|---|
| Ⅰ | 1. 未发生该类故障的区域。<br>2. 杆塔上未发现鸟巢或未发现复合绝缘子有鸟啄痕迹。<br>3. 非农田区域和森林覆盖较好的区域。<br>4. 未发现主要涉鸟故障鸟种活动的区域 |
| Ⅱ | 1. 近5年内发生该类故障的杆塔周边3～6km之间的区域。<br>2. 发现鸟巢较多或鸟啄现象的杆塔周边3～6km之间的区域。<br>3. 树木较稀疏，人类活动较少区域。<br>4. 主要涉鸟故障鸟种活动的农田、草原、戈壁、湿地等3～6km之间的区域 |
| Ⅲ | 1. 近5年内发生该类故障的杆塔周边3km范围内区域。<br>2. 发现鸟巢较多或鸟啄现象的杆塔3km范围内区域。<br>3. 主要涉鸟故障鸟种活动的农田、草原、戈壁、湿地等3km范围内区域 |

表 4-2　鸟粪类、鸟体短接类故障风险等级划分原则

| 风险等级 | 划分原则 |
| --- | --- |
| I | 1. 未发生该类故障的区域。<br>2. 人类活动频繁，森林覆盖较好，不处于鸟类迁徙通道内。<br>3. 河流、水库、湿地、海洋等水域周边 6 km 范围外。<br>4. 未发现主要涉鸟故障鸟种活动的区域 |
| II | 1. 近 5 年内发生 3 次以下该类故障的区域（杆塔周边 6 km 范围内）。<br>2. 杆塔周边 6km 范围内区域，大型鸟类活动较少（1 年内该区域统计到大型鸟类活动 5 次及以下）区域。<br>3. 树木较稀疏、人类活动较少的河流、水库、湿地、海洋等水域周边 6 km 范围。<br>4. 发现有主要涉鸟故障鸟种活动的区域 |
| III | 1. 近 5 年内发生 3 次及以上该类故障的区域（杆塔周边 6km 范围内）。<br>2. 杆塔周边 6km 范围内区域，大型鸟类或种群规模较大的鸟类活跃区域（1 年内该区域统计到大型鸟类或种群规模较大活动 5 次以上）。<br>3. 处于候鸟迁徙通道内的河流、水库、湿地、海洋等水域周边 6km 范围内 |

结合输电线路的重要程度、涉鸟故障统计情况及运行经验，重要输电线路或区段优先开展治理。重要线路或区段划分原则如下：

（1）输电线路曾经发生过涉鸟故障的杆塔所在区域划定为较高（或最高）涉鸟故障区域等级。

（2）对于重要输电线路，如电压等级较高、主要联络线或单回输电线路等发生故障后影响程度较大，其所在区域按较高涉鸟故障区域等级划定。

（3）对需加强涉鸟故障防范措施有特殊要求的输电线路（塔段），依据输电线路运行经验，划归较高涉鸟故障区域等级。

## 二、涉鸟故障巡视及隐患排查

输电线路运维单位应强化涉鸟故障的日常巡视和隐患排查工作，在本

地区涉鸟故障多发季节到来前与自然资源、环保等政府机构人员取得联系，动态了解输电线路周边区域鸟种、数量、生活习性、迁徙路径、迁徙时间等信息，结合以往涉鸟故障情况，全面确定当年输电线路涉鸟故障防护重点区段，组织运维人员定期开展防涉鸟巡视及隐患排查工作，做好涉鸟隐患巡视记录。根据隐患排查结果及本地区新增涉鸟故障，动态更新防鸟巡视重点区段。

## （一）日常巡视

在涉鸟故障多发期，运维单位组织人员对输电线路涉鸟故障易发区段每月应至少巡视1次，重点收集及检查路周边鸟种、鸟类活动范围、线路周边环境、防鸟装置、杆塔本体鸟巢及鸟粪污秽情况。运维人员应根据鸟类活动季节性、时间性、地域性等规律开展针对性巡视，并根据巡视结果完善涉鸟隐患巡视记录（见表4-3）。

**表4-3 涉鸟隐患巡视记录表**

| 涉鸟杆塔及周边环境信息 | | | |
|---|---|---|---|
| 记录时间 | | 记录人 | |
| 发现地点 | | 海拔（m） | |
| 电压等级（kV） | | 线路名称 | |
| 杆塔号 | | 杆塔型号 | |
| 杆塔经度 | | 杆塔纬度 | |
| 当地环境 | 农田、湿地、林区等 | 周边水系 | 线路1km有××水库等 |
| 涉鸟信息 | | | |
| 鸟类名称 | | 鸟类活动位置 | 地线，边导线横担，杆塔附近鱼塘等 |
| 鸟数量 | | 鸟类身长（cm） | |
| 是否有鸟巢 | | 鸟巢直径（cm） | |
| 鸟巢材料 | 稻草、树枝、塑料薄膜、铁丝等 | 鸟巢位置 | |

续表

| 鸟类或鸟巢照片 | |
|---|---|
|  |  |
| 周边环境照片 | |
|  |  |

　　季节性巡视，对涉鸟故障频发月份及鸟类迁徙月份应强化巡视工作，做好鸟类观测数据收集。对涉鸟故障发生时间、地点较集中地区，应制定、落实涉鸟故障巡视计划，增加巡视频率，并做好主动驱鸟工作。

　　区域性巡视，针对输电线路附近5km内水库、鱼塘、河流、果园、树林等为鸟类提供了食物、水源和筑巢场所的区域，结合日常鸟类活动、候鸟迁徙路径图及运维经验，确定涉鸟故障巡视的重点区域，该区域应制定、落实涉鸟故障巡视计划，增加巡视频率，并做好主动驱鸟工作。同时，在鸟类活动区域发生变化时，输电线路运行维护单位应动态更新输电线路涉鸟故障易发区域，积极开展防涉鸟区域性巡视。

时间性巡视，对涉鸟故障频发月份、鸟类迁徙月的涉鸟故障易发频发时段内，即傍晚至清晨时间段，运维单位应组织巡视人员利用夜视镜等设备，对涉鸟故障多发地段、重点输电杆塔不定期开展夜间巡视、开展针对性巡视。

## （二）隐患排查

运维单位在开展巡视过程中除观察所辖线路周边鸟类活动范围、种类、数量、筑巢情况，还要特别注意监视新增鸟种的习性及活动范围变化趋势，并做好记录。巡视过程中同步开展涉鸟故障隐患排查工作。

防鸟装置检查：检查已安装防鸟装置安装是否规范，是否出现破损、固定不牢或失效等情况，重点排查防鸟刺、防鸟罩、防鸟挡板等。

鸟巢检查：检查杆塔上鸟类筑巢情况并记录鸟巢材料及鸟巢位置。对于绝缘子、导线上方鸟巢及鸟巢上导电材料短接绝缘子片数超过《电力（业）安全工作规程》规定的鸟巢类隐患，应立即汇报处置。

鸟粪污染检查：检查杆塔本体、绝缘子、金具及基础周边是否存在鸟粪痕迹，重点检查绝缘子串鸟粪污秽程度。当绝缘子鸟粪污秽积累严重时，应立即汇报处置，防止在毛毛雨、雾、露等气象条件下绝缘子表面产生局部放电。

鸟啄复合绝缘子检查：检查复合绝缘子伞裙和护套是否存在鸟类啄损痕迹，复合绝缘子结构是否完整，若发现复合绝缘子伞裙和护套受损严重时，应立即汇报处置。

## （三）故障巡视

故障发生后，运维单位应结合故障时间（涉鸟故障多发生在 3～6 月、9～11 月的傍晚 18 时到清晨 8 时尤其是凌晨时分期间）、重合闸动作情况（故障重合闸重合成功）、相别（单相故障）、故障录波、测距信息、测距杆塔所处区域位置及环境等信息初判断涉鸟故障的可能性，有针对性地开展故障巡视。涉鸟故障巡视应以无人机巡视、登杆塔检查相结合的方式进行。

　　故障巡视时，运维单位组织巡视人员对线路周边区域居民进行现场询问调查，缩小排查范围，巡视检查故障线路的天气、现场地形、植被、周边环境等基本信息，检查杆塔本体、绝缘子、导线、金具放电痕迹等，检查输电线路是否受损、线路及周边是否存在鸟类活动痕迹等。

　　发现故障点后，巡视人员需收集故障杆塔整体照片、故障相别照片、绝缘子串整体照片、故障点在杆塔位置整体照片、放电痕迹的局部清晰照片、故障杆塔大小号侧通道照片、天气信息照片、现场地形情况照片、周边鸟类活动照片等，拍照的照片应高清，并分别进行文字编辑。

　　运维人员在开展涉鸟故障巡视和隐患排查过程中，应做好巡视装备的配置及使用工作，装备及工器具配置建议见表4-4。

### 表4-4 涉鸟故障巡视和隐患排查装备及工器具配置表

| 序号 | 装备名称 | 配置数量 | 单位 | 用途 | 备注 |
|---|---|---|---|---|---|
| 1 | 望远镜 | 1 | 副 | 观测鸟类、防鸟装置、涉鸟隐患等 | 按巡视人员配置 |
| 2 | 数码相机 | 1 | 台 | 鸟类、防鸟装置观测，影像资料记录 | 按巡视人员配置 |
| 3 | 手电筒 | 1 | 只 | 夜间照明 | 按巡视人员配置 |
| 4 | 夜视仪 | 1 | 台 | 夜间观测 | 按巡视人员配置 |
| 5 | 笔记本、笔 | 1 | 套 | 观测记录 | 按巡视人员配置 |
| 6 | 安全帽 | 1 | 个 | 保障安全 | 按巡视人员配置 |
| 7 | 卫星电话 | 1 | 部 | 信号弱或无信号区域内通信 | 按巡视小组配置 |
| 8 | 无人机 | 1 | 架 | 鸟类、防鸟装置观测，影像资料记录、驱鸟 | 按巡视小组配置 |

## 三、涉鸟故障隐患治理原则

涉鸟故障防治应根据历史涉鸟故障及运维管理经验，结合涉鸟故障风险分布图进行综合制定，单一措施难以有效防止涉鸟故障发生，需进行综合防治，宜采取疏堵结合方式，引导鸟类在远离输电线路带电部位的安全区栖息或筑巢。同时，当输电线路周边地理环境、鸟类分布等发生变化时，应进行针对性的调整。

### （一）优先疏导

运维单位在对涉鸟故障隐患处置时优先采取疏导的方式，对不在绝缘子上方风险区的鸟巢，可不移动或拆除鸟巢，仅对较长的鸟巢材料进行修剪。若鸟巢处于绝缘子上方风险区，则优先将其移至离杆塔较远的安全区，若在风险区域多次筑巢，再进行拆除。

### （二）落实封堵

运维单位根据涉鸟故障等级划分区域及运行经验对新建和运行输电线路采取相应的防鸟封堵措施，注重防鸟装置设计加工的精细化管理，除按照杆塔设计图纸确定防鸟装置的数量及尺寸外，必要时应登塔进行尺寸测量，保证防鸟装置安装后和杆塔紧密贴合。新设计的防鸟装置在批量生产前，应在杆塔上进行样品试装。涉鸟故障多发区的新建输电线路应设计、安装必要的防鸟装置。新建、改建输电线路应尽量远离大型涉禽如鹭类、鹳类聚集区 5km 以上，避免穿过大型鸟类集中取食地与栖息地之间的区域。

### （三）差异化防控

运维单位根据涉鸟故障等级区域划分及运行经验，划分涉鸟故障重点区域及主要防控故障类型，在输电线路初设、工程验收及运维等环节中，执行相关技术标准及反措要求。根据线路杆塔所属的涉鸟故障风险区类型及风险等级，有针对性地进行防治，对涉鸟故障风险为Ⅰ级的输电线路区段，可不安装防鸟装置。对涉鸟故障风险为Ⅱ级的输电线路区段，应根据运行经验对重要线路杆塔安装防鸟装置。对涉鸟故障风险为Ⅲ级的输电线路区段，每基杆塔应安装防鸟装置。

### （四）拆装同步

运维单位常态化开展防涉鸟故障治理工作，逐步消除输电线路杆塔上鸟巢类异物，并同步安装更换、缺失损坏的防鸟装置。对曾经发生过涉鸟故障的杆塔所在区域、重要输电线路、电压等级较高、主要联络线等较高（或最高）涉鸟故障区域等级首先开展治理。

## 四、涉鸟故障隐患治理措施

运维单位应对照涉鸟故障风险等级及线路重要性，对线路涉鸟故障隐患风险等级较高的杆塔应编制针对性隐患处置方案，并及时进行治理改造。

### （一）防鸟装置失效隐患

（1）防鸟装置缺失。当出现防鸟装置缺失时，应对照涉鸟故障风险分布图以及所属的涉鸟故障风险等级，综合防鸟装置功效及配置原则，对缺失防鸟装置的杆塔，按照风险等级的高低和线路的重要性，逐步加装到位。对鸟类活动较频繁的区域，采取因地制宜的原则，采用多种防鸟装置相结合的方式进行综合治理。

（2）防鸟装置损坏。当出现防鸟装置损坏时，应及时采取日常检修方式对破损或固定不牢的防鸟刺、防鸟挡板等防鸟装置进行加固或更换。对已危及线路安全运行，随时可能导致线路发生故障的防鸟装置损坏，应立即采取设备停电检修或带电作业方式处理。

（3）防鸟装置防护范围不足。当出现防鸟装置防不能满足护范围要求时，应按照防鸟装置配置原则结合各类防鸟装置特点调整、补充、完善防鸟装置。

（4）防鸟装置安装工艺不规范。当出现防鸟刺扇面角度打开不足、防鸟罩对接面间隙过大等安装工艺问题时，应按照防鸟装置相关技术参数进行调整。

（5）防鸟装置针对性不强。当出现防鸟装置针对性不强，防鸟效果不佳时，应有针对性地合理配置、更换防鸟装置类型，必要时可采取增加防鸟刺（扩大防护范围）或多种防鸟装置相结合的方式进行综合治理。

### （二）鸟巢隐患

对于危及线路安全运行的鸟巢，应立即组织运维人员将鸟巢拆除或移至离绝缘子较远的安全区内。拆除及移动鸟巢前应检查鸟巢内是否有蛇虫，防止对人身造成伤害，若发现鸟巢内有鸟蛋应予以保护；清理的鸟巢材料应采用专用袋装设并携带下塔。同时，针对鸟类反复筑巢的杆塔，应在杆塔合适位置加装人工鸟巢。

### （三）鸟粪污染绝缘子隐患

对于鸟粪污染严重的绝缘子，应立即组织运维人员清扫或更换，对于污染程度相对较低的，应结合日常检修工作对污染绝缘子进行清扫，同时有针对性地补充防鸟挡板、防鸟罩、防鸟盒，加装防鸟刺等进行综合治理。

### （四）鸟啄复合绝缘子隐患

复合绝缘子出现鸟类啄损情况时，应根据复合绝缘子的损坏程度确定是否需要更换，若护套损坏应立即更换。发现鸟啄严重区段，应将复合绝缘子更换为玻璃或瓷质绝缘子。

# 第五章

# 鸟类简介及重庆地区涉鸟故障分析

# 一、鸟类简介

鸟类是一种适应能力非常强的物种，且不同鸟类引发的故障和防治策略也不尽相同，为了更好地对涉鸟故开展有针对性的防治，有必要对鸟类的基本情况进行分析研究。

## （一）鸟的分类

许多鸟类会随着季节的变化，有规律地在繁殖地区和越冬地区进行迁徙。根据鸟类是否迁徙，可分为留鸟和候鸟两大类。留鸟是指全年在该地理区域内生活，春秋不进行长距离迁徙的鸟类，如重庆地区的麻雀、黄臀鹎、领雀嘴鹎、白颊噪鹛等。候鸟是随季节不同而进行周期性迁徙的鸟类，根据其在某地区的居留类型，又可分为夏候鸟、冬候鸟两种。夏候鸟又名繁殖鸟，是指春季迁徙来此地繁殖，秋季再向越冬区南迁的鸟类，如重庆地区的家燕、金腰燕、黑卷尾、大杜鹃等。冬候鸟是指冬季来此地越冬，春季再向北方繁殖区迁徙的鸟类，如重庆地区的绿头鸭、绿翅鸭、普通秋沙鸭、红嘴鸥等。候鸟在迁徙过程中，仅途经此地，不停留或仅有短暂停留的鸟类，即为旅鸟，如重庆地区的鸿雁、灰鹤鸻、矶鹬、白眉鸫等。因此，同一种鸟在一个地区是夏候鸟，在另一个地区则可能是冬候鸟；且同一种鸟在一个地区可能同时存在多个"身份"，以重庆地区为例，该区域中的黑尾蜡嘴雀既是旅鸟，又是夏候鸟，雀鹰既是留鸟，又是夏候鸟，暗绿绣眼鸟既是留鸟，又是夏候鸟，还是旅鸟。

## （二）鸟的繁殖

鸟类繁殖与气候、区域和食物等有关，一般我国南方鸟类在 2 月底至 3 月中下旬开始繁殖，北方鸟类一般在 4 月底至 5 月初开始繁殖。鸟类繁殖一般一年 1～2 次，通常第 2 次繁殖成功率和产生的后代数少于第 1 次。繁殖主要包含以下 4 个阶段。

（1）领域。鸟类繁殖期通常占有一定的领域，不允许其他鸟类尤其是同种鸟类侵入，称占区现象。鸟类主要靠鸣叫来宣布自己的领域。鸟类领域一般与体型大小有关，猛禽的领域行为较强，领域面积大，一般达几平方公里，而雀形目等小型鸟类的领域较小，只有几百平方米。鸟类占有领域的主要目的是获得足够的食物供应，调节营巢区内同种鸟类的密度，减少传染病的散布等。

（2）筑巢。鸟类巢的形态多种多样，巢的位置大概可分为地面（如波斑鸨、柳莺、地鸦等）、水面（如水鸟中的游禽和涉禽）、灌丛（如棕头鸦雀、文鸟等）、乔木（如黑领椋鸟、喜鹊、鹭科鸟类等喜欢在乔木上营巢，有些鸟类如啄木鸟、中华秋沙鸭、山雀等偏爱利用树洞为巢）、建筑物（家燕、金腰燕、黑领椋鸟等）。

（3）产卵与孵卵。鸟类产卵一般隔一天产一枚，产完后开始集中孵卵。早成鸟不需要成鸟花费太多的时间照顾后代，因此可产更多的窝卵数；而晚成鸟的后代出生后不能独立运动，需要成鸟喂食，因此完成的一次只能产 1～6 枚。孵卵一般由雌鸟担任，有些由雌雄轮流担任，也有由雄性鸟类负责孵卵。孵卵时间一般跟体型大小有关，大型鸟类如白琵鹭、苍鹭、普通鸬鹚一般需要 30～55 天，中型鸟类如牛背鹭、夜鹭、池鹭等一般需要 20～30 天，小型鸟类如大山雀、棕头鸦雀、白腰文鸟等一般需要 10～15 天。

（4）育雏。早成鸟如鸡形目、雁形目等鸟类出生后不久就可以跟随成鸟一起觅食；晚成鸟如东方白鹳、家燕、隼形目等鸟类因为出生后不能自己活动，需要在巢中由亲鸟继续抚育一段时间才能出飞。育雏有的物种由双亲承担，有的由雄性或雌性单独承担。随着雏鸟年龄的增加，成鸟一般访问巢的次数会大幅增加，满足雏鸟不断增加的食量。

## （三）鸟的迁徙

鸟的迁徙是指在每年的春季和秋季，鸟类在越冬地和繁殖地之间进行定期、集群飞迁的习性。鸟类迁徙是鸟类对外界条件、季节变化的一种适应，是鸟类遵循大自然环境的一种生存本能行为。各种鸟类每年迁徙时间和迁徙路径基本固定，并往往沿着一定的地势，如河流、海岸线或山脉等飞行。候鸟通常一年迁徙两次，春季由越冬地北迁至温度更低的繁殖地，秋季则由繁殖地南迁至温度更温和的越冬地。不同鸟类南迁和北迁的时间差异较大，有些鸟类在 2 月份已经到达繁殖地，而有些鸟类在 4 月底甚至 5 月初才到达繁殖地。鸟类一般白天取食补充能量，夜间集群迁徙，猛禽大都为白天迁徙。

### （四）鸟的栖息地

鸟类栖息地又称生境，是指能为物种生存或繁殖使用的所有环境因素的总和。根据鸟类生活史的不同阶段，通常将栖息地分为越冬栖息地、停息地栖息地和繁殖栖息地。鸟类栖息地选择的三个影响因素为：水、食物、隐蔽度。栖息地可为鸟类提供食物资源、营巢场所，应对不良的气候条件和躲避天敌，对物种种群的繁衍具有极其重要的意义。因此，栖息地是鸟类争夺的重要对象。比如鹭科鸟类偏爱在高大的乔木上筑巢，但如果鸟类数量较多，通常竞争能力强（身体强壮、有营巢经验）的鸟类会选择适宜的乔木营巢，而竞争弱的鸟类一般选择较差的乔木或林区边缘地营巢。不同物种有时共存于同一种生境中，它们之间也存在栖息地的竞争。它们可以采取利用不同的微生境来减少种间竞争，如共存于一个湖泊的水鸟，涉禽鸻鹬类、鹭科鸟类可以利用浅滩或浅水的地方觅食，不同鸻鹬类的腿长和喙长差异较大，它们还能在不同水深处取食，以此来减少物种之间的竞争和冲突，节省能量。而游禽如雁形目鸟类可以利用深水区觅食。

### （五）鸟的筑巢

不同鸟类筑巢时间、地点、位置各不相同。有的筑巢在地上，有的筑巢在树上，有的筑巢在水面芦苇或草丛中，有的筑巢在岩石或树洞里。有过繁殖经历的鸟类出于对原巢址的依恋，往往会多年在同一地点繁殖。部分鸟类对电力设施具有一定的偏向性,专家认为,鸟类喜欢 50 Hz 的电磁波,带电输电线路附近有温度,更喜欢在带电输电线路绝缘子附近筑巢。

部分区域在人工强行拆除鸟巢之后,长则几天,短则 1～2 h,鸟类很快又在原杆塔原位筑巢,特别是正处于繁殖期间的鸟类,筑巢欲望非常强烈。有时候拆除鸟巢不但不能有效防止鸟巢类故障,反而增加了鸟类因重新筑巢活动的次数,更易引起输电线路跳闸。还有很多情况是,鸟类就认准了某一基杆塔筑巢,有过繁殖经历的鸟类出于对原有领域或巢址的依恋,往往会多年在同一地点繁殖。

## 二、重庆地区涉鸟故障分析

重庆市鸟类共计约 557 种,虽然鸟类种类非常多,但根据调查,选择在输电线路杆塔上活动的鸟类只有少部分,如鸽形目、鹰形目、鸮形目、隼形目、雀形目等鸟类,会选择长时间地停留在输电线路的铁塔和导地线上,或在杆塔周边活动。对重庆地区 500 多种鸟类进行整体分析,有些鸟类虽然经常在输电线路上、铁塔上活动,但不易引起输电线路故障,如输电线路上常见的麻雀,由于个体小,且以植食性食物为主、粪便量小且呈颗粒状,不易黏合堆积在绝缘子上,撞击时难以导致输电线路短路,也不易引起鸟粪闪络;雉科鸟类飞翔能力差,不易飞上高压铁塔,且巢为简易地面巢,不会选择输电线路筑巢;大型涉禽的鹤类,因为后趾和前面三趾不在同一平面上,无法对握,不能在杆塔上站立,整体约有 80 种为潜在涉鸟故障种类,地处候鸟迁徙通道的区域更是涉鸟故障主要发生区域。

### (一)重庆地区涉鸟故障种类分析

鸟粪类故障涉鸟种类一般为体型较大鸟类或数量较多的鸟群。其中,引起鸟粪污染绝缘子闪络的鸟种较多,树栖鸟类皆有可能,以鸽形目,鹦科,隼形目,鸮形目,鹈形目的鹭科、啄木鸟目的啄木鸟科,雀形目的鸦科、伯劳科、卷尾科、椋鸟科和鸦科鸟类为主，主要鸟种有珠颈斑鸠、斑头鸺鹠、夜鹭、白鹭、大嘴乌鸦、棕背伯劳、灰卷尾、丝光椋鸟等。引起鸟粪短接空气间隙的鸟类一般在空中或杆塔高处排便，一次性排便量大，鸟便较稀且黏性较大，以鹭类、雁鸭类、猛禽类等体型硕大、食肉（鱼）的鸟类为主，主要鸟种有苍鹭、白鹭、牛背鹭、池鹭、夜鹭、斑嘴鸭、绿头鸭、雀鹰、松雀鹰、普通鵟等。

鸟体短接类故障涉鸟种类一般为体型较大的鸟类，如翅展超过 1.5 m 以上的大型水鸟或猛禽，主要鸟种有大白鹭、苍鹭等。

鸟巢类故障涉鸟种类一般为在杆塔上筑巢、繁育的鸟类，主要为鹳形目、隼形目、雀形目鸟类，主要鸟种有黑卷尾、灰卷尾、八哥、丝光椋鸟、黑领椋鸟、白颈鸦、大嘴乌鸦、喜鹊、家燕、金腰燕等。

鸟啄类故障涉鸟种类一般为喜欢啄食复合绝缘子的鸟类，主要鸟种有白颈鸦、大嘴乌鸦、喜鹊、斑姬啄木鸟等。

## （二）重庆地区涉鸟故障鸟种介绍

### 1. 夜鹭（见图 5-1）

图 5-1　夜鹭

夜鹭（Anorectic nycticorax，yè lù），鹳形目，鹭科，俗名夜哇子。体长约 50 cm，翅展约 60 cm。额白，头顶、枕、肩及背均黑色，并具绿色光泽，头后垂有 2 枚白色长羽，眉纹白色，最黑，脚黄绿。

 **叫声**

繁殖期及迁徙时发出深沉而带回音的似鸦类"呼呼"叫声。

 **生活习性**

喜欢在水库和鱼塘周围活动，栖于村寨附近的竹林和乔木树上，夜出活动，集群营巢，每窝产卵 4～6 枚，以鱼、蛙和昆虫等为食。

 **分布区域**

多分布于重庆地区的巴南、长寿、合川、璧山、永川、江津、九龙坡、武隆、梁平。

**故障类型**　　鸟粪类故障。

2. 苍鹭（见图5-2）

图5-2　苍鹭

苍鹭（Ardea cinerea，cāng lù），鹳形目，鹭科，俗名青桩、丝老鹳。体长80～90cm，翅展大于150cm，是鹭类中最大的一种。雄鸟：额、头顶中央及颈白色，头顶两侧和羽冠蓝黑，上体余部灰色，两肩有下垂的灰色羽毛，尾羽暗灰，颏、喉、胸及腹中央白色，两胁淡灰，前颈中部有2～3条纵行黑纹；雌鸟：与雄鸟相似，但额及头顶灰褐，羽冠较短，胸及腹侧黑斑不显。嘴黄色，脚角黄或深棕色。

 叫声

鸣声低沉，单音节。

 **生活习性**

栖水库、湖泊、江河、水田等处，巢筑于高大乔木上，呈平盘状，每窝卵 3 ~ 5 枚，以鱼、虾、泥鳅、昆虫及水草等为食。

 **分布区域**

多分布于重庆地区的巴南、长寿、合川、璧山、永川、江津、九龙坡、武隆、梁平。

 **故障类型**　　鸟粪类故障、鸟体短接类故障。

3．大白鹭（见图 5-3）

图 5-3　大白鹭

大白鹭（Ardea alba，dà bái lù），鹳形目，鹭科，又名白庄、公子、白洼。体长900mm左右，成鸟的夏羽全身乳白色；鸟喙黑色；头有短小羽冠；肩及肩间着生成丛的长蓑羽，一直向后伸展，通常超过尾羽尖端10多厘米，有时不超过；蓑羽羽干基部强硬，至羽端渐小，羽支纤细分散；冬羽的成鸟背无蓑羽，头无羽冠，虹膜淡黄色。

## 叫声

通常无声，受惊时发出低音的"呱呱"叫声。

## 生活习性

大白鹭栖息于海滨、湖泊、河流、沼泽、水稻田等水域附近，行动非常机警，见人即飞。白昼或黄昏活动，以水中生物为食，食性以小鱼、虾、软体动物、甲壳动物、水生昆虫为主，也食蛙、蝌蚪等。常站在水边或浅水中，用嘴飞快地攫食。

## 分布区域

主要分布在合川、大足、潼南。

**故障类型**　　鸟粪类故障、鸟体短接类故障。

4. 白鹭（见图 5-4）

图 5-4　白鹭

　　白鹭（Egretta garzetta，bái lù），鹳形目，鹭科，俗名鹭鸶、白鹤。体长 50 ～ 70 cm，翅展约 100cm。夏羽：通体乳白，枕部有两条辫形长羽，肩部具蓑羽，伸至尾端，羽端微向上卷；前颈亦具矛状羽，向下披至前胸。冬羽：蓑羽及枕部长羽大部消失。嘴黑、下嘴基部浅黄，脚黑绿色。

 叫声

　　于繁殖巢群中发出"呱呱"叫声，其余时候寂静无声。

**生活习性**

在水库、湖泊、江河、水田觅食，常结群活动，营巢于村寨及寺庙附近的竹林和乔木树上，巢浅盘状，每窝产卵 3 ~ 4 枚，吃小鱼、虾、泥鳅、黄鳝、蛙类及水生昆虫等。

 **分布区域**

多分布于重庆地区的巴南、长寿、合川、璧山、永川、江津、九龙坡、武隆、梁平。

 **故障类型**　　鸟粪类故障。

5. 池鹭（见图 5-5）

图 5-5　池鹭

池鹭（Ardeola bacchus，ch í l ù），鹳形目，鹭科，俗名青背心白鹤。体长 40 ～ 50cm，翅展约 60cm。头、羽冠及后颈栗红，羽枝分散呈发状，羽冠延伸至背部，肩部有蓝黑色蓑状羽伸至尾端，上体余部及尾均乳白色，两翅白色，眼先橄榄绿色，颏、喉白色，胸羽红栗色呈长矛状，胸侧有蓝灰色蓑羽，下体余部乳白。幼鸟：头、颈黑褐，密布土黄色纵纹。嘴黄色，端部黑色，脚浅黄色。

 **叫声**

通常无声，争吵时发出低层的"呱呱"叫声。

 **生活习性**

栖村寨附近的竹林和树林；巢呈浅盘状每窝产卵 3 ～ 5 枚。在稻田、池塘觅食吃多种昆虫、鱼、蛙、蚯蚓和甲壳类等。

 **分布区域**

多分布于重庆地区的巴南、长寿、合川、璧山、永川、江津、九龙坡、武隆、梁平。

 **故障类型** 鸟粪类故障。

6. 牛背鹭（见图5-6）

图5-6　牛背鹭

牛背鹭（Bubulcus coromandus，niú bèi lù），鹳形目，鹭科，俗名黄头鹭。体长43cm左右，翅展约60cm。嘴峰较跗跖短；头和颈橙黄色，前颈基部和背中央具羽枝分散成发状的橙黄色长形饰羽；前颈饰羽长达胸部，背部饰羽向后长达尾部，尾和其余体羽白色。冬羽通体全白色，个别头顶缀有黄色，无发丝状饰羽。嘴黄色，脚青灰沾黄。

 叫声

于巢区发出"呱呱"叫声，余时寂静无声。

生活习性

常同白鹭混群营巢，每巢产卵 3 ~ 5 枚；其与家畜，尤其是水牛形成了依附关系，常跟随在家畜后捕食被家畜从水草中惊飞的昆虫；是唯一不食鱼而以昆虫为主食的鹭类，食蛙、蝗虫、甲虫、瓢虫、地老虎及水生昆虫等。

 分布区域

多分布于重庆地区的巴南、长寿、合川、璧山、永川、江津、九龙坡、武隆、梁平。

故障类型　　鸟粪类故障。

7. 丝光椋鸟（见图 5-7）

图 5-7　丝光椋鸟

**053**

丝光椋鸟（Spodiopsar sericeus，sī guāng liáng niǎo），雀形目，椋鸟科，俗名牛屎八哥、富贵白头。体长 20 ～ 23 cm。嘴朱红色，脚橙黄色。雄鸟头、颈丝光白色或棕白色，背深灰色，胸灰色，往后均变淡，两翅和尾黑色。雌鸟头顶前部棕白色，后部暗灰色，上体灰褐色，下体浅灰褐色，其他同雄鸟。

 **叫声**

　　叫声嘈杂，善仿其他鸟的叫声。

**生活习性**

　　喜结群于地面觅食，取食植物果实、种子和昆虫，爱栖息于电线、丛林、果园及农耕区，筑巢于洞穴中。冬季聚大群活动，夏季数量少，迁徙时成大群。

**分布区域**

　　多分布于重庆地区的渝中、大渡口、江北、沙坪坝、九龙坡、南岸、大渡口、北碚、巴南、涪陵、长寿、江津、合川、永川、綦江、南川、大足、铜梁、璧山、潼南、荣昌、万盛。

 **故障类型**　　鸟巢类故障。

8. 大嘴乌鸦（见图5-8）

图 5-8 大嘴乌鸦

大嘴乌鸦（Corvus macrorhynchos，dà zuǐ wū yā），雀形目，鸦科，俗名巨嘴鸦、老鸦、老鸹。体长可达 50cm，雌雄同形同色，通身漆黑，除头顶、后颈和颈侧之外的其他部分羽毛，带有一些显蓝色、紫色和绿色的金属光泽。嘴粗大，嘴峰弯曲，峰嵴明显，嘴基有长羽，伸至鼻孔处。额较陡突。尾长、呈楔状。后颈羽毛柔软松散如发状。

 叫声

叫声单调粗犷，似"呱－呱－呱"声。粗哑的喉音"kaw"及高音的"awa，awa，awa"声；也作低沉的"咯咯"声。

**055**

 生活习性

　　杂食性鸟类，对生活环境不挑剔，无论山区平原均可见到，喜结群活动于城市、郊区等适宜的环境。

 分布区域

　　多分布于重庆地区的城口、巫溪、巫山、开州、奉节、云阳、万州、梁平、忠县、武隆、涪陵。

 故障类型　　鸟巢类故障、鸟啄类故障。

9. 喜鹊（见图 5-9）

图 5-9　喜鹊

喜鹊（Pica serica，xǐ què），雀形目，鸦科，俗名鸦鹊、额鹊。体长 40 ～ 50 cm，雌雄羽色相似，头、颈、背至尾均为黑色，并自前往后分别呈现紫色、绿蓝色、绿色等光泽，双翅黑色而在翼肩有一大形白斑，尾远较翅长，呈楔形，嘴、腿、脚纯黑色，腹面以胸为界，前黑后白。留鸟。

## 叫声

类"喳喳、喳喳"，虽然单调却响亮。

## 生活习性

常出没于人类活动地区，喜欢将巢筑在民宅旁的大树上。全年大多成对生活，杂食性，在旷野和田间觅食，繁殖期捕食昆虫、蛙类等小型动物，也盗食其他鸟类的卵和雏鸟，兼食瓜果、谷物、植物种子等。每窝产卵 5 ～ 8 枚。

## 分布区域

多分布于重庆地区的万州、开州、梁平、城口、丰都、垫江、忠县、云阳、奉节、巫山、巫溪。

**故障类型** 鸟巢类故障、鸟啄类故障。

10. 八哥（见图5-10）

图5-10 八哥

八哥（Acridotheres cristatellus，bā gē），雀形目，椋鸟科，又名黑八哥、凤头八哥、了哥仔。体长240mm左右，通体黑色，前额有长而竖直的羽簇，有如冠状，翅具白色翅斑，飞翔时尤为明显。尾羽和尾下覆羽具有白色端斑。嘴乳黄色，脚黄色。

 叫声

育有幼鸟的成鸟叫声清脆，可学人声，而呼叫飞行中幼鸟的鸣声总是"吱吱吱"。

 生活习性

八哥性喜结群，常立水牛背上，或集结于大树上，或

成行站在屋脊上，每至暮时常呈大群翔舞空中，噪鸣片刻后栖息。夜宿于竹林、大树或芦苇丛，并与其他椋鸟混群栖息。野生八哥食性杂，终年兼食动物性与植物性的食物。主要以蝗虫、蚱蜢、金龟子、毛虫、地老虎、蝇、虱等昆虫以及昆虫幼虫为食，也吃谷粒、植物果实和种子等植物性食物。往往追随农民和耕牛后边啄食犁翻出土面的蚯蚓、昆虫、蠕虫等，又喜啄食牛背上的虻、蝇和壁虱，也捕食像蝗虫、金龟、蝼蛄等。八哥的植物性食物多数是各种植物及杂草种子，以及榕果、蔬菜茎叶。

 **分布区域**

重庆市全域各区县广布。

 **故障类型**　　鸟巢类故障。

11. 普通鸬鹚（见图5-11）

图5-11　普通鸬鹚

普通鸬鹚（Phalacrocorax carbo，pǔ tōng lú cí），鹳形目，鸬鹚科，又名水老鸦、鱼鹰、乌鬼、黑鱼郎等。体长800mm左右，头、颈黑色而具暗绿光泽，肩、上背及翼上覆羽青铜色，羽缘黑色，下背、腰、尾羽及下体黑色沾暗绿色光泽，飞羽黑褐而具绿色光泽，上嘴黑褐，喙缘及下嘴灰白，脚黑，四趾间均具璞。

 **叫声**

鸬鹚捕到猎物后一定要浮出水面吞咽。繁殖期发出带喉音的"咕哝"声，其他时候无声。但群栖时彼此间为争夺有利位置发生纠纷时会发出低沉的"咕、咕咕"的叫声。

 **生活习性**

常成小群活动。善游泳和潜水，游泳时颈向上伸得很直、头微向上倾斜，潜水时首先出水面、再翻身潜入水下。飞行时头颈向前伸直，脚伸向后，两翅扇动缓慢，飞行较低，掠水面而过。休息时站在水边岩石上或树上，呈垂直坐立姿势，并不时扇动两翅。性不甚畏人。常在海边、湖滨、淡水中间活动。栖止时，在石头或树桩上久立不动。飞行力很强。除迁徙时期外，一般不离开水域。主要以鱼类和甲壳类动物为食。

**分布区域**

主要分布在江津、合川、北碚、渝北、长寿、涪陵、丰都、忠县。

**故障类型** 鸟粪类故障。

12. 赤麻鸭（见图 5-12）

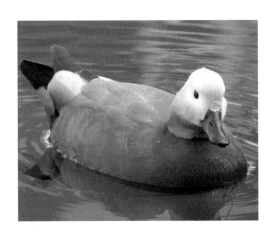

图 5-12 赤麻鸭

赤麻鸭（Tadorna ferruginea，chì má yā），雁形目，鸭科，又名黄鸭、大黄鸭。体长 1000 ~ 1475mm，全身赤黄褐色，翅上有明显的白色翅斑和铜绿色翼镜；嘴、脚、尾黑色；雄鸟有一黑色颈环。飞翔时黑色的飞羽、尾、嘴和脚、黄褐色的体羽和白色的翼上和翼下覆羽形成鲜明的对照。

叫声

声似"aakh"的嘶音低鸣，有时为重复的"pok-pok-pok-pok"。雌鸟叫声较雄鸟更为深沉。

 生活习性

繁殖期成对生活，非繁殖期以家族群和小群生活，有时也集成数十甚至近百只的大群。性机警，人难以接近。赤麻鸭是迁徙性鸟类。每年3月初至3月中旬当繁殖地的冰雪刚开始融化时就成群从越冬地迁来，10月末至11月初又成群地从繁殖地迁往越冬地。多成家族群或由家族群集成更大的群体迁飞，常常边飞边叫，多呈直线或横排队列飞行前进。沿途不断停息和觅食。在停息地常常集成数十甚至近百只的更大群体。赤麻鸭生性好斗，主要以水生植物叶、芽、种子、农作物幼苗、谷物、草、沉水植物等植物性食物为食，也吃陆生及水生无脊椎动物，亦可取食小型鱼类与两栖类，昆虫、甲壳动物、软体动物、虾、水蛭、蚯蚓、小蛙和小鱼等动物性食物。觅食多在黄昏和清晨，有时白天也觅食，特别是秋冬季节，常见几只至20多只的小群在河流两岸耕地上觅食散落的谷粒，也在水边浅水处和水面觅食。

分布区域

主要分布在江津、合川、北碚、渝北、长寿、涪陵、丰都、忠县。

**故障类型** 鸟粪类故障。

13. 绿头鸭（见图 5-13）

图 5-13 绿头鸭

绿头鸭（Anas platyrhynchos，lǜ tóu yā），雁形目，鸭科，又名大绿头、大红腿鸭、野鸭。体长 508 ~ 590mm，雄鸟嘴黄绿色，脚橙黄色，头和颈灰绿色，颈部有一明显的白色领环。上体黑褐色，腰和尾上覆羽黑色，两对中央尾羽亦为黑色，且向上卷曲成钩状；外侧尾羽白色。胸栗色。翅、两肋和腹灰白色，具紫蓝色翼镜，翼镜上下缘具宽的白边，飞行时极醒目。雌鸭嘴黑褐色，嘴端暗棕黄色，脚橙黄色和具有的紫蓝色翼镜及翼镜前后缘宽阔的白边等特征。

 **叫声**

活动时常发出"ga-ga-ga-"的叫声，响亮清脆，很远即可听见。

生活习性

　　除繁殖期外常成群活动，特别是迁徙和越冬期间，常集成数十、数百甚至上千只的大群。或是游泳于水面，或是栖息于水边沙洲或岸上。绿头鸭系杂食性，主要以野生植物的叶、芽、茎、水藻和种子等植物性食物为食，也吃软体动物、甲壳类、水生昆虫等动物性食物，秋季迁徙和越冬期间也常到收割后的农田觅食散落在地上的谷物。觅食多在清晨和黄昏，白天常在河湖岸边沙滩或湖心沙洲和小岛上休息或在开阔的水面上游泳。

 分布区域

　　主要分布在江津、合川、北碚、渝北、长寿、涪陵、丰都、忠县。

**故障类型**　　鸟粪类故障。

14. 斑姬啄木鸟（见图 5-14）

图 5-14　斑姬啄木鸟

斑姬啄木鸟（Picumnus innominatus, bān jī zhuó mù niǎo），鴷形目，啄木鸟科，又名姬啄木鸟、小啄木鸟。体长 100mm 左右，背至尾上覆羽橄榄绿色，两翅暗褐色，外缘沾黄绿色，翼缘近白色，翅上覆羽和内侧飞羽表面同背。尾羽黑色，中央一对尾羽内侧白色或黄白色，外侧 3 对尾羽有宽阔的斜行白色或淡黄白色次端斑。虹膜褐色或红褐色，嘴和脚铅褐色或灰黑色。

 叫声

间断反复地发出"di-di-di"声，告警时发出似拨浪鼓的声音。

 生活习性

栖于热带低山混合林的枯树或树枝上，尤喜竹林。觅食时持续发出轻微的叩击声。要以蚂蚁、甲虫和其他昆虫为食。

 分布区域

重庆市全域各区县广布。

 故障类型　　鸟啄类故障。

15. 灰头绿啄木鸟（见图5-15）

图5-15　灰头绿啄木鸟

灰头绿啄木鸟（Picus canus, huī tóu lǜ zhuó mù niǎo），䴕形目，啄木鸟科，又名绿啄木鸟。体长290mm左右。雄鸟：额至头顶鲜红，枕和后颈灰色，杂黑色纵纹，上体余部及肩橄榄黄或灰绿色，尾上覆羽端部鲜黄，尾褐，各羽具乌白或淡褐横斑，次级覆羽、次级和三级飞羽表面金黄沾绿或灰绿，其余翅羽黑褐而具白色或灰色横斑；头部和颈侧灰色，有一黑色颧纹；下体乌灰，胸部有时较绿或染黄褐。雌鸟：额至后颈均灰而具黑纹，余似雄鸟。嘴和脚铅黑，下嘴基部较淡。

叫声

平时很少鸣叫，叫声单纯，仅发出单音节，"ga-ga-"声。但繁殖期间鸣叫却甚频繁而洪亮，声调亦较长而多变，其声似"gao-gao-gao-"。

生活习性

主要以蚂蚁、小蠹虫、天牛幼虫、鳞翅目、鞘翅目、膜翅目等昆虫为食。觅食时常由树干基部螺旋上攀，当到达树权时又飞到另一棵树的基部再往上搜寻，能把树皮下或蛀食到树干木质部里的害虫用长舌粘钩出来。偶尔也吃植物果实和种子，如山葡萄、红松子、黄菠萝球果和草籽。常单独或成对活动，很少成群。飞行迅速，呈波浪式前进。常在树干的中下部取食，也常在地面取食，尤其是地上倒木和蚁琢上活动较多。

分布区域

重庆市全域各区县广布，山区较为常见。

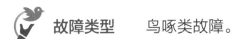 故障类型　　鸟啄类故障。

16. 灰卷尾（见图 5-16）

图 5-16　灰卷尾

灰卷尾（Dicrurus leucophaeus，huī juǎn wěi），雀形目，卷尾科，又名灰黎鸡、铁灵夹、白颊卷尾。体长 280mm 左右，体形中等，嘴形强健侧扁，嘴峰稍曲，先端具钩，嘴须存在。鼻孔为垂羽悬掩。初级飞羽 10 枚，一般翅形长而稍尖。尾长而呈叉状，尾羽 10 枚，上有不明显的浅黑色横纹。跗跖短而强健，前缘具盾状鳞。全身暗灰色，鼻孔处的宽度与厚度几相等。

 叫声

清晰嘹亮的鸣声"huur-uur-cheluu"或"wee-peet，wee-peet"。另有"咪咪"叫声及模仿其他鸟的叫声，据称有时在夜里作叫。有时鸣声粗厉而嘈杂。

 生活习性

　　成对活动，立于林间空地的裸露树枝或藤条，捕食过往昆虫，攀高捕捉飞蛾或俯冲捕捉飞行中的猎物。飞行时结小群或成对，翻腾于空中追捕空中飞行的昆虫，飞行时而展翅升空，时而闭合双翅，作波浪式滑翔。食物以昆虫为主，其中有鞘翅类、膜翅类、鳞翅类蛹及幼虫和成虫，这些多是树木、苗圃、果园、农作物为害甚大的有害昆虫。特别在育雏期间，能大量消灭危害甚大的蛹、蛾、幼虫等，偶尔也食植物果实与种子。

 分布区域

　　重庆市全域各区县广布。

 **故障类型**　　鸟巢类故障。

17. 珠颈斑鸠（见图 5-17）

图 5-17　珠颈斑鸠

珠颈斑鸠（Spilopelia chinensis, zhū jǐng bān jiū），鸽形目，鸠鸽科，又名花斑鸠、珍珠鸠，俗称"野鸽子"。体长310mm左右，额及头顶淡灰色，上颈及其两侧黑色而杂白点，背、肩及内侧翅上覆羽土褐而羽缘棕灰，上体余部土褐，尾褐，外侧尾羽绒黑而具宽阔白端，外侧次级翅上覆羽灰色，其余翅羽表面暗褐；眼先及耳部暗灰；颏喉中央棕白，其余头侧及下体葡萄红色，后胁和尾下覆羽蓝灰。

 **叫声**

鸣声响亮，鸣叫时作点头状，鸣声似"ku-ku-u-ou"，反复鸣叫。雄性呼唤雌性时发出"gu（短）-gu（短）-gu（长）"音，向雌性求爱时发出短促而连贯的"gu-gu, gu-gu"音。

**生活习性**

留鸟。常成小群活动，有时亦与其他斑鸠混群。常三三两两分散栖于相邻的树枝头。栖息环境较为固定，如无干扰，可以较长时间不变。觅食多在地上，受惊后立刻飞到附近树上。飞行快速，两翅扇动较快但不能持久。主要以植物种子为食，特别是农作物种子，如稻谷、玉米、小麦、豌豆、黄豆、菜豆、油菜、芝麻、高粱、绿豆等。有时也吃蝇蛆、蜗牛、昆虫等动物性食物。

### 分布区域

重庆市全域各区县广布。

**故障类型**　　鸟粪类故障。

## 18. 山斑鸠（见图 5-18）

图 5-18　山斑鸠

山斑鸠（Oriental turtle-dove，shān bān jiū），鸽形目，鸠鸽科，又名斑鸠、金背斑鸠、麒麟鸠、雉鸠、麒麟斑、花翼。体长 310mm 左右，额、头顶、后颈和上背灰色，上背羽端略红，其余上体暗灰，中央尾羽暗褐而端灰，外侧尾羽转黑而灰端增大，肩和翅羽黑褐，三级飞羽和内侧次级翅上覆羽具宽阔的栗红色羽端和羽缘，外侧次级翅上覆羽具宽阔的灰色羽端和羽缘；头侧和颈侧灰色，

颈侧有一团羽端缀黑的黑羽，因而与其他斑鸠不同；颏棕白，喉至腹葡萄红色，胸较灰褐，胁和尾下覆羽均灰。嘴铅褐，脚红色。

 **叫声**

鸣声低沉，其声似"ku-ku-ku"，反复重复多次。

 **生活习性**

常成对或成小群活动，有时成对栖息于树上，或成对一起飞行和觅食。如伤其雌鸟，雄鸟惊飞后数度飞回原处上空盘旋鸣叫。在地面活动时十分活跃，常小步迅速前进，边走边觅食，头前后摆动。飞翔时两翅鼓动频繁，直而迅速。有时亦滑翔，特别是从树上往地面飞行时。主要吃各种植物的果实、种子、草籽、嫩叶、幼芽，也吃农作物，如稻谷、玉米、高粱、小米、黄豆、绿豆、油菜籽、幼小螺蛳等，有时也吃鳞翅目幼虫、甲虫等昆虫。觅食多在林下地上、林缘和农田耕地。冬天，乌鸫吃食樟树籽后吐出的樟树籽硬核成为山斑鸠的重要食物来源。

**分布区域**

重庆市全域各区县广布。

**故障类型**　　鸟粪类故障。

19. 家燕（见图 5-19）

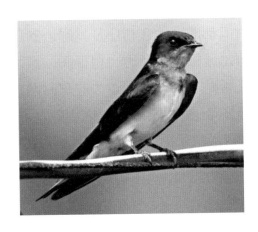

图 5-19　家燕

家燕（Hirundo rastica gutturalis scopoli, jiā yàn），雀形目，燕科，又名燕子、拙燕。体长 180mm 左右，喙短而宽扁，基部宽大，呈倒三角形，上喙近先端有一缺刻；口裂极深，嘴须不发达。翅狭长而尖，尾呈叉状，形成"燕尾"，脚短而细弱，趾三前一后。主要特点是上体发蓝黑色，还闪着金属光泽，腹面白色。

 **叫声**

常发出"喊喊喳喳"叫声。

 生活习性

　　常成群栖息，低声细碎鸣叫，白天大部分时间在栖息地附近飞行，喜飞行中捕食，不善啄食。主要以昆虫为食，包括蚊、蝇、虻、蛾、叶蝉、象甲等农林害虫。善飞行，整天大多数时间都成群地在村庄及其附近的田野上空不停地飞翔，飞行迅速敏捷，有时飞得很高，像鹰一样在空中翱翔，有时又紧贴水面一闪而过，时东时西，忽上忽下，没有固定飞行方向，有时还不停地发出尖锐而急促的叫声。活动范围不大，通常在栖息地 2km$^2$ 范围内活动。

 分布区域

　　重庆市全域各区县广布。

 故障类型　　鸟巢类故障。

20. 金腰燕（见图 5-20）

图 5-20　金腰燕

金腰燕（Hirundo daurica linnaeus，jīn yāo yàn），雀形目，燕科，又名赤腰燕。体长190mm左右，上体及翅、尾表面亮蓝黑色，飞羽和尾羽光泽较差，上颈有一栗环延伸至眉部，腰棕黄而微具黑褐羽干纹，耳覆羽同腰，眼周黑色；下体棕白，布满黑色纵纹，尾下覆羽端部亮蓝黑色。嘴黑，脚红褐或黑褐。

 **叫声**

常发出"唧唧"的叫声。

**生活习性**

主要栖于低丘陵和平原，常成群活动，少者几只、十余只，多者数十只，迁徙期间有时集成数百只的大群。性极活跃，喜欢飞翔，整天大部分时间几乎都在村庄和附近田野及水面上空飞翔。飞行轻盈而悠闲，有时也能像鹰一样在天空翱翔和滑翔，有时又像闪电一样掠水而过，飞行极为迅速而灵巧。休息时多停歇在房顶、屋檐和房前屋后湿地上和电线上。以昆虫为食，而且主要吃飞行性昆虫，主要有蚊、虻、蝇、蚁、胡蜂、蜂、蝽象、甲虫等双翅目、膜翅目、半翅目和鳞翅目等昆虫。

**分布区域**

重庆市全域各区县广布。

 **故障类型**　　鸟巢类故障。

21. 棕背伯劳（见图 5-21）

图 5-21　棕背伯劳

棕背伯劳（Lanius schach，zōng bèi bó láo），雀形目，伯劳科，又名大红背伯劳、桂来姆。体长 260mm 左右，喙粗壮而侧扁，先端具利钩和齿突，嘴须发达；翅短圆；尾长，圆形或楔形；跗跖强健，趾具钩爪。头大，背棕红色。尾长、黑色，外侧尾羽皮黄褐色。两翅黑色具白色翼斑，额、头顶至后颈黑色或灰色、具黑色贯眼纹。下体颏、喉白色，其余下体棕白色。

**叫声**

繁殖期间常站在树顶端枝头高声鸣叫，其声似
"zhigia-zhigia-zhigia-zhiga"不断重复的哨音，并能
模仿红嘴相思鸟、黄鹂等其他鸟类的鸣叫声，鸣声悠扬、
婉转悦耳。

 **生活习性**

留鸟。除繁殖期成对活动外，多单独活动。常见在
林旁、农田、果园、河谷、路旁和林缘地带的乔木树上
与灌丛中活动，有时也见在田间和路边的电线上东张西
望，一旦发现猎物，立刻飞去追捕，然后返回原处吞
吃。性凶猛，不仅善于捕食昆虫，也能捕杀小鸟、蛙和
啮齿类。

 **分布区域**

重庆市全域各区县广布。

 **故障类型**　　鸟啄类故障。

## 22. 虎纹伯劳（见图 5-22）

图 5-22　虎纹伯劳

虎纹伯劳（Lanius tigrinus，hǔ wén bó láo），雀形目，伯劳科，又名花伯劳、虎伯劳。体长 170mm 左右，雄鸟：前额黑，头顶及上背蓝灰下背至腰红棕，杂以黑褐波状纹，尾上覆羽棕褐，尾棕褐，隐约可见暗色横纹；飞羽黑褐，外缘棕色，翅上覆羽红棕亦有黑色波状纹；眼先、眼周及耳羽黑色；下体近白，两胁沾蓝灰，覆腿羽杂黑斑。雌鸟：似雄鸟但上体红色较淡，胸侧、两胁有黑斑纹。嘴黑，脚暗褐。

 **叫声**

粗哑似喘息的"吱吱"叫声。

生活习性

多见停息在灌木、乔木的顶端或电线上。四处张望，寻找食物，当发现空中或地面的猎物后往往疾飞捕食，捕食后多返回原栖息处取食或转往别处。性凶猛，不仅捕虫为食，还会袭击小鸟和鼠类。食物中绝大部分是害虫，如熊蜂、蝗虫、松毛虫、蝇类及各种昆虫。主要以昆虫为食，也取食少量植物。鸟胃内昆虫及虫卵占取食频次的81.9%，植物性食物桑葚和杂草种子占18.1%。

分布区域

主要分布在梁平、垫江、忠县、涪陵、丰都、石柱。

故障类型　　鸟啄类故障。

23. 黑卷尾（见图5-23）

图5-23　黑卷尾

黑卷尾（Dicrurus macrocercus cathoecus swinhoe, hēi juǎn wěi），雀形目，卷尾科，又名黑黎鸡、篱鸡、铁炼甲、铁燕子、黑乌秋、黑鱼尾燕、龙尾燕、笠鸠。体长280mm左右，全身纯黑色，上体和胸部有蓝绿光泽，尾呈叉状，外侧尾羽微向上卷。嘴和脚均为黑色。

 叫声

黑卷尾鸣声嘈杂而粗糙，似"chiben-chaben"连续鸣叫，此起彼伏相互呼应。

生活习性

平时栖息在山麓或沿溪的树顶上，或在竖立田野间的电线杆上，一见下面有虫时，往往由栖枝直降至地面或其附近处捕取为食，随后复向高处直飞，形成"U"字状的飞行。它还常落在草场上放牧的家畜背上，啄食被家畜惊起的虫类。性喜结群、鸣闹、咬架，是好斗的鸟类，习性凶猛。在飞翔中能于空中捕食飞行昆虫，类似家燕敏捷地在空中滑翔翻腾，在南方俗称"黑鱼尾燕"。食物以昆虫为主，如蜻蜓、蝗虫、胡蜂、金花虫、瓢、蝉、天社蛾幼虫、蝽象等膜翅、鞘翅及鳞翅类的昆虫。

 分布区域

重庆市全域各区县广布。

 故障类型　　鸟巢类故障。

24. 白颈鸦（见图 5-24）

图 5-24　白颈鸦

白颈鸦（Corvus torquatus，bái jǐng yā），雀形目，鸦科，又名老哇。体长 450mm 左右，后颈、颈侧、上背和上胸均为白色，形成白色领环；体羽其余部分概为黑色，上体具蓝紫色光泽；下体色泽较暗。嘴和脚均为黑色。

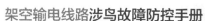

 **叫声**

鸣声较其他鸦类洪亮，常边飞边叫，似"kaar-kaar"声。

 **生活习性**

多单独行动或成 3～5 只或 10 余只的小群。清晨飞到田野觅食，晚上很晚才飞回村旁或林缘的树上过夜。在地上觅食时常一步一步地向前移动，不时扭头向四处张望。性机警，比其他鸦类更难接近，见人走近，离很远就飞走。杂食性，以种子、昆虫、垃圾、腐肉等为食。大部分是动物性食物，包括鞘翅目金龟、步行虫、锹形虫、半翅目、鳞翅目幼虫以及蜗牛、泥鳅、小鸟等；植物性食物包括玉米、土豆、黄豆、小麦及草籽。

 **分布区域**

重庆市全域各区县广布。

 **故障类型**　　鸟巢类故障。

**（三）重庆地区潜在涉鸟故障相关的国家级保护鸟类分析**

重庆地区潜在涉鸟故障种类中包含了一些国家级保护种类，如国家Ⅱ级保护动物雀鹰、松雀鹰、普通鵟、斑头鸺鹠和红隼，下面将上述鸟类进行逐一介绍。

## 1. 雀鹰（见图 5-25）

图 5-25　雀鹰

　　雀鹰（Accipiter nisus，què yīng），隼形目，鹰科，俗名鹞子、鹞鹰。体长 35 cm 左右，属小型猛禽。雄鸟上体暗灰色，雌鸟灰褐色，头后杂有少许白色。下体白色或淡灰白色，雄鸟具细密的红褐色横斑，雌鸟具褐色横斑。尾具 4～5 道黑褐色横斑，翼下飞羽具数道黑褐色横带。为国家 II 级保护动物。

 叫声

　　偶尔发出尖厉的哭叫。

 生活习性

　　栖息于针叶林、混交林、阔叶林等山地森林和林缘地带，

常单独生活，或飞翔于空中，或栖于树上和电杆上。以雀形目小鸟、昆虫、鼠类等为食。

**分布区域**

　　主要分布于重庆市的酉阳、黔江、彭水、武隆、石柱、丰都、忠县、开州、云阳、奉节、巫山、巫溪、城口。

**故障类型**　　鸟粪类故障。

2. 松雀鹰（见图 5-26）

图 5-26　松雀鹰

　　松雀鹰（Accipiter virgatus，sōng què yīng），

隼形目，鹰科，小型猛禽，体长约 350cm。雄鸟上体黑灰色，喉白色，喉中央有一条宽阔而粗著的黑色中央纹，其余下体白色或灰白色，具褐色或棕红色斑，尾具 4 道暗色横斑。雌鸟个体较大，上体暗褐色，下体白色具暗褐色或赤棕褐色横斑。虹膜、蜡膜和脚黄色，嘴在基部为铅蓝色，尖端黑色。为国家 II 级保护动物。

 叫声

雏鸟饥饿时发出反复哭叫声"shew-shew-shew"。

生活习性

常单独或成对在林缘和丛林边等较为空旷处活动和觅食。性机警。常站在林缘高大的枯树顶枝上，等待和偷袭过往小鸟，并不时发出尖厉的叫声，飞行迅速，亦善于滑翔。以各种小鸟为食，也吃蜥蜴、蝗虫、蚱蜢、甲虫以及其他昆虫和小型鼠类，有时甚至捕杀鹌鹑和鸠鸽类中小型鸟类。

分布区域

主要分布于重庆市的酉阳、黔江、彭水、武隆、石柱、丰都、忠县、开州、云阳、奉节、巫山、巫溪、城口。

 故障类型　　鸟粪类故障。

3. 普通𫚔（见图 5-27）

图 5-27　普通𫚔

普通𫚔（Buteo japonicus，pǔ tōng kuáng），隼形目，鹰科，俗名鸡母鹞。体长约 50 cm，属中型猛禽。体色变化较大，上体主要为暗褐色，下体主要为暗褐色或淡褐色，具深棕色横斑或纵纹，尾淡灰褐色，具多道暗色横斑。飞翔时两翼宽阔，初级飞羽基部有明显的白斑，翼下白色，仅翼尖、翼角和飞羽外缘黑色（淡色型）或全为黑褐色（暗色型），尾散开呈扇形。为国家 II 级保护动物。

 叫声

响亮的"咪"叫声。

生活习性

主要栖息于山地森林和林缘地带，常见在开阔平原、荒漠、旷野、开垦的耕作区、林缘草地和村庄上空盘旋翱翔。以森林鼠类为食。

分布区域

主要分布于重庆市的酉阳、黔江、彭水、武隆、石柱、丰都、忠县、开州、云阳、奉节、巫山、巫溪、城口。

故障类型　　鸟粪类故障。

4. 斑头鸺鹠（见图 5-28）

图 5-28　斑头鸺鹠

斑头鸺鹠（Glaucidium cuculoides，bān tóu xiū

líu），鸮形目，鸱鸮科，俗名横纹小鸺、猫王鸟、春歌儿。小型鸮类，体长 25 cm，是鸺鹠中个体最大者，面盘不明显，无耳羽簇。体羽褐色，头和上下体羽均具细的白色横斑；腹白色，下腹和肛周具宽阔的褐色纵纹，喉具一显著的白色斑。为国家 II 级保护动物。

 **叫声**

叫声很响亮，可以发出一种像犬叫的哨音。

 **生活习性**

主要栖息于从平原、低山丘陵及中山地带的阔叶林、混交林、次生林和林缘灌丛，大多在白天活动和觅食，主要以各种昆虫和幼虫为食，也吃鼠类、小鸟、蚯蚓、蛙和蜥蜴等动物。

 **分布区域**

主要分布于重庆市的酉阳、黔江、彭水、武隆、石柱、丰都、忠县、开州、云阳、奉节、巫山、巫溪、城口。

 **故障类型**　　鸟粪类故障。

5. 红隼（见图5-29）

图 5-29　红隼

红隼（Falco tinnunculus，hóng sǔn），隼形目，隼科的小型猛禽之一，体长约32cm。喙较短，两侧有齿突；鼻孔圆形，自鼻孔向内可见一柱状骨棍；翅长而狭尖，扇翅节奏较快；尾较细长。为国家Ⅱ级保护动物。

 叫声

刺耳高叫声"ak－yak－yak－yak-yak"。

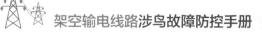

 生活习性

　　飞行快速，善于在空中振翅悬停观察并伺机捕捉猎物。常见栖息于山地和旷野中，多单个或成对活动，飞行较高。以猎食时有翱翔习性而著名。吃大型昆虫、小型鸟类、青蛙、蜥蜴以及小型哺乳动物。

 分布区域

　　主要分布于重庆市的酉阳、黔江、彭水、武隆、石柱、丰都、忠县、开州、云阳、奉节、巫山、巫溪、城口。

🐦 **故障类型**　　鸟粪类故障。

### （四）重庆地区鸟类迁徙对电网的涉鸟故障特征分析

　　调查显示重庆市内每年有 300 余种候鸟迁飞过境，集中在每年的 3 ～ 5 月和 9 ～ 11 月。候鸟类型主要有夏候鸟、冬候鸟和旅鸟三种，其中鸣禽和攀禽主要为夏候鸟，游禽和涉禽主要为冬候鸟，猛禽和陆禽多为过境旅鸟。这些候鸟在重庆的迁徙路线主要有 8 条，如图 5-30 所示，即：重庆平行岭猛禽迁徙通道、嘉陵江流域水鸟迁徙通道、长江流域水鸟迁徙通道、乌江流域水鸟迁徙通道、大娄山鸣禽迁徙通道、大巴山候鸟迁徙通道、巫山—七曜山猛禽迁徙通道、武陵山猛禽迁徙通道。

　　就重庆市而言，涉鸟故障防控大致可划分为两个区域，区域 1 主要为合川、璧山、永川、江津、九龙坡、巴南、秀山、长寿、梁平、渝北、渝中、大渡口等地，主要为渝西、渝中一带，涉鸟故障种类主要为大型水鸟和集群生活的椋鸟，以防鸟粪类故障和鸟巢类故障为主；区域 2 主要为酉阳、黔江、彭水、武隆、石柱、丰都、忠县、开州、云阳、奉节、巫山、巫溪等地，主要为渝东北、渝东南一带，涉鸟故障种类主要为中型树栖鸟类，如喜鹊、大嘴乌鸦和几种国家级保护鸟类，防鸟措施以防鸟巢类和鸟啄类故障为主，兼顾防控国家重点保护鸟类。

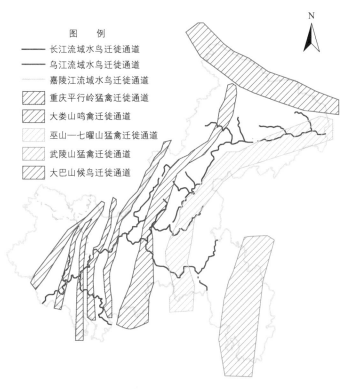

图 5-30　重庆市鸟类迁徙通道

.
架空输电线路涉鸟故障防控手册

# 参考文献

[1] 国家电网公司运维检修部.国家电网有限公司十八项电网重大反事故措施（修订版）及编制说明.北京：中国电力出版社，2018.

[2] 国家电网公司运维检修部.输电线路"六防"工作手册.防涉鸟故障.北京：中国电力出版社，2015.

[3] 李阳林，张宇，郭志锋，等.架空输电线路涉鸟故障防治.北京：中国电力出版社，2018.

[4] 国网宁夏电力有限公司.电网涉鸟故障防止技术及典型案例分析.北京：中国电力出版社，2021.

[5] 国网内蒙古东部电力有限公司.输电线路与自然和谐共存涉鸟故障防治工作手册.北京：中国电力出版社，2022.

.